声音的价值

如何打造声音付费产品

—————— 涂梦珊 ——————

著

机械工业出版社
CHINA MACHINE PRESS

我们的日常离不开说话，一个人的声音不仅仅传递表达的情感，声音也可以创造价值。本书分享了作者从会计工作转行声音领域创业的经历，从知识付费入手拆解声音付费市场的刚需，解读不同声音形象的卖点与练声技巧，从而可以自己制作声音付费产品，帮助读者找到适合自己的声音变现之路。

本书以30个要点的形式解读了打造声音付费产品的场景、过程、技巧等，并提供了可扫码收听的有声案例，来辅助读者理解文字。在每个要点之后用漫画的形式表达部分观点，让阅读更有趣味。附录的练声手册通过大量练声姿势示意图让读者快速掌握书中发声技巧，赋予声音多种变化。

想进入声音付费领域的读者可通过本书有所收获和启发，利用自己的声音来创造价值。

图书在版编目（CIP）数据

声音的价值：如何打造声音付费产品／涂梦珊著.
—北京：机械工业出版社，2020.6（2020.6重印）
ISBN 978－7－111－65141－3

Ⅰ.①声… Ⅱ.①涂… Ⅲ.①声音处理
Ⅳ.①TN912.3

中国版本图书馆CIP数据核字（2020）第047113号

机械工业出版社（北京市百万庄大街22号 邮政编码100037）
策划编辑：梁一鹏   责任编辑：梁一鹏
责任校对：李亚娟   责任印制：孙炜
保定市中画美凯印刷有限公司印刷

2020年6月第1版·第2次印刷
145mm×210mm·8.25印张·161千字
标准书号：ISBN 978－7－111－65141－3
定价：48.00元

电话服务   网络服务
客服电话：010-88361066   机 工 官 网：www.cmpbook.com
        010-88379833   机 工 官 博：weibo.com/cmp1952
        010-68326294   金 书 网：www.golden-book.com
封底无防伪标均为盗版   机工教育服务网：www.cmpedu.com

自　序

有声领域的"衣柜法则"

有人说，讲话是一件不赚钱的事儿，可来上海的第一年，我就通过讲话赚到了一百万。这其中起决定性因素的，就是讲话时的声音是否动听。

提到如何讲话才动听这个话题，我还得从十二年前开始说起。大学是个很有意思的地方，当时校园广播台换届，正处于"青黄不接"的时期，大家希望资历稍"老"一些的我来当新一届台长，虽然我有一定的能力，但是最开始并没有答应。

冷静下来想想之后，我觉得说话这件事，将贯穿人们的一生，是无法逃避的，于是我接过了广播台台长的接力棒，从此开始了我的"声音"之旅。

大学快毕业的时候，我决定放弃会计专业，转向声音领域。于是，我每天都会打开手机里的录音软件，试着记录下自己的声音并开始研究。那时候我就发现了，自己的声音有点"幼稚"，换句话说，就是听起来像个孩子。面对这样的情况，我也无能为力，因为不懂得如何训练自己的声音，但是又想让自己的声音在短时间内变得"成熟"起来，于是我开始刻意训练自己声音的多面性和表现力。不知道如何练起的我，对于专业书籍也是一窍不通，很多专有名词完全读不懂。当时就产生了一个想法：跟着市场上已经有的电视节目练习，应该比纯粹学习理论有用得多。而且，既然没办法立刻"成熟"起来，索性采用就近原则，先练习朗读比较"幼稚"的文章吧。

我在网上买了很多儿童读物，前后一共用手机录制了200多篇儿童文章，"走火入魔"之后，几乎所有的儿童频道我都会观看，并且开始模仿《哈哈少儿》《浙江少儿》《腾讯少儿》《爱奇艺少儿》等国内知名平台中的儿童节目声音，前后一共模仿了100多期儿童节目，每一期都仔仔细细地跟着主持人练习。

在尝试练了2个月后，我开始寻找相关的就业机会。当时，在声音领域的机会少之又少，没人愿意雇用非专业出身的我作为配音演员，但我却意外地被后期制作公司选中，让我负责后期的剪辑业务，我想了想觉得也行，至少能每天接触别人的"好声音"，算是就近择业吧。

后期剪辑的工作需要天天接触不同风格的声音作品。渐渐地我从接触的每个作品入手，也跟着模仿起来，以至于有时模仿得超过原声，还能不时地解决客户的"燃眉之急"。后来，我开始为一些知名广告公司配音，终于从后期制作转换到配音演员的角色上来了。

2010年，为了能够更加自由地发展，我从成都这家公司离职，带着 2 万元独自闯荡上海，但是这点钱只够几个月的房租而已，我得尽快想办法获得收入。

因为在大学训练过声音，同时又有剪辑制作的经验，我开始疯狂给各个广告公司打电话并自我推销："你好，我可以录音，请问你们需要吗？我可以加你的 QQ 发送一些我的样音吗？"

一开始，没有人搭理我，发过去的样音都因为噪声太大被退了回来。如果不解决噪声的问题，我就很难获得试音机会，但是我没钱租专业的录音棚，所以就想了一个讨巧的方式——躲在衣柜里录。我把所有厚衣服都挂在了衣柜里，人躲进去，刚好还能放下电脑，再关上衣柜门开始录音。这样做隔音效果挺不错，就是夏天太热了，有点难受。可是我很开心，因为节约了搭建录音棚的大笔开支，就这样我开始了自己的"衣柜创业"，这一年，我在衣柜里"躲"了 8 个月。后来，我把这种极简创业法则称为"衣柜法则"，就是找到自己适合的声音原型，看它适合什么样的市场，采用最低廉、最快速的方法进行测试，然后再持续改进直到成功。

机会总是留给有准备又从不放弃的人。在这 8 个月里，我尝试录制了很多样音，可是都被好不容易打完电话要到 QQ 号的客户给退了回来，原因是我之前一共模仿了 100 多期儿童节目，导致声音形象固化成幼稚型，听起来太像小孩子了。而对方需要的广告、电影、纪录片等根本不欢迎我这样的声音，他们需要的是成熟的女性声音，可以体现那种解说的睿智感。我很沮丧，也很焦虑，因为我带到上海的存款所剩不多了。如果再没有收入，就只能回老家了。

压力大的时候，我就通过看动画片减压。看着看着，我想到被吐槽"太幼稚"的声音和动画片里的形象反而很贴近，于是我开始思考，看了那么多儿童节目，为什么我不多模仿一些动画形象的声音呢？幼稚的声音正是动画片需要的。

就这样，东边不亮西边亮，既然成熟型的声音市场不适合我，那我干脆就另辟蹊径，寻找一些"幼稚型"的市场吧。

于是我开始跟着动画片，模仿起里面的角色声音来，比如葫芦娃、樱桃小丸子等等，然后把这些声音发到网上的论坛中。我在网上发的童声模仿，终于被一个客户听到了，愿意让我试试，结果顺利达成合作。我配了16个小时的小女孩声音，拿了16万元的报酬，一举解决了我全年的生活费问题，要知道，当时的我正在为下个季度的房租犯愁呢。

原来声音能挣这么多钱！我惊喜之余更是惊讶，找到了自己的突破口后，我开始主要攻克童声市场的客户，开始录制童书故事。

短短一年，银行账户就突破了一百万。

本来，想成为配音演员，普通人需要进入专业的学校学起，然而我却直接跨越这些难度系数极高的条条框框，还成立了自己的声音制作公司。

这都是因为，声音领域的求职壁垒是最好跨越的。它不看学历，不看背景，只看你是否拥有对方需要的声音表现力。在此之前，我从未有过配音行业的专业培训，也没有特别亮眼的作品履历。声音的表现力为我打通了职场的天花板，让我用短短几年时间就达到了别人很难达到的程度。

许多人总认为，只有主持人才具备优秀的声音表现力，但我认为的声音表现力，从来不是以说话为职业的人所独有的。难道非科班毕业的人就不说话了吗？恰恰相反，一个有着高学历但声音并不具备表现力的人，并不比一个声音极具感染力的人强，后者一开口，更具直接的变现价值，这恰恰是被许多人忽略的价值。

我知道声音对于常人的重要性，并且对于声音有自己特殊的理解，于是我开始分享自己塑造声音的经验。2015年初，我开设了线下声音课，把声音的价值和练习的方法，通过课程分享给更多零基础的人。在课堂上，我讲述自己独一无二的"变声"经历："非科班"出身、从会计到"声音教练"、还有从不爱读书到一年读300本书的死磕经历，教学轻松幽默，受到越来越多的人认可，甚至连千万粉丝的大V也听过我的课。

随后，我还受邀为中欧商学院、中国移动、资生堂等企业提供内训……

2016年，知识付费的风口开启了。凭借着自己从零基础转型为声音教练、配音演员的实践经验和教学经历，我在各大平台开设声音专栏，成为十多万人的声音导师。

2019 年，我把这几年的教学经验，写成了《声音的价值：如何打造声音付费产品》一书，希望也能够通过这本书，持续推广声音的"科普"知识。我在书籍里面放了大量的二维码，这样读者们可以一边看文字，一边通过扫描二维码听到我的声音，和我一起来练习，这是一种全新、多维的出版方式。

这几年来，我有很多学员，特别是很多妈妈们，学习了我的课程之后，开始在公众号上，在各种微信课堂中，用自己的声音为大家解读育儿知识，为自己的孩子赚到了"奶粉"和"纸尿裤"钱。其中还有部分优秀学员，已经能够和我一样，用自己的声音为动画片配音了。

以上，就是我实现"声音的价值"的故事，希望通过我自己的实践告诉大家，只要有一定的声音基础，你也可以通过有效的练习，找到自己的声音原型和方向，找到适合你的"声音掘金术"。

涂梦珊

2019 年 6 月 6 日

目 录

第一章　你的声音价值百万

——越具表现力，越有商机

每个人都可以通过思考和行动，为自己的技能找到商业模式，实现财务增收。你的生活中有什么东西是你非常热爱，希望跟别人分享的吗？形象、声音是最具表现力的因素，在移动互联网领域，用声音展示你的强项，它和明星的形象一样可以为你带来商机。

不管你热爱的东西是什么，如今你都有更多的机会把自己的兴趣爱好变成声音产品，让你在分享的同时还能有所收益。

要点1："衣柜法则"

要点2：个性化声音形象的兴起

要点3：声音形象与商业的结合

要点4：普通人也可以对接有声市场

要点5：选择比努力重要，把握知识付费的风口

要点6："网络孤点"的引爆

要点 1: "衣柜法则"

年轻人去一个陌生的城市创业,真的是一件特别需要勇气的事情,尤其是北、上、广、深这些城市。

无论我是否承认,家人的建议总有一定道理:待在家乡心里总比较安宁,可以享受些便利,有互相照应的家人,一帮可以随时帮忙的朋友,可以自由选择的学校和医院,"亲民"的房价也意味着财务压力没那么大。除此之外,还有城市没那么拥堵带来的较短通勤时间以及消费水平较低等优势,这些因素综合在一起,意味着留在家乡工作和生活,幸福指数要高于一线城市。

但我总是感觉缺少了什么,2010 年,思考再三后,毕业没多久的我决定带着 2 万元独自闯荡上海。家人的第一反应是"不稳定",因为在父母眼里,只要离开他们为你规划好的人生,就代表了"不稳定"。在他们眼里,只要不是公务员、没有事业或者国企单位的工作,就不是好工作,更别提去北、上、广、深那些城市了。

再加上大城市的生活开销，我还没出门，他们就已经开始担心，认为我维持生活都岌岌可危。我当时也很"大度"而"自信"，并不埋怨他们，但坚持认为他们生活圈子有局限，并不能完全地了解这个世界，时代在变化，很多新兴的职业在不断出现。

带着这份简单的自信，我豪迈地出发了。到达上海后，出发时的豪迈和一线城市的真实生活碰撞后，出现的困难都不幸被爸爸言中，我发现仅仅靠着这点钱，很快就会生活不下去了，扣除第一个季度缴纳的房租、日常开销，剩下的钱已屈指可数。

因为在大学练过一段时间声音，所以我用剩下的钱买了一套录音设备，希望能尽快通过声音有一些收入，就这样开始了我的"衣柜创业"。有了即将生活不下去的紧迫感，我开始疯狂给各个广告公司打电话进行自我推销："你好，我可以录音，请问你们需要吗？我可以加你的QQ给你发送一些我的声音吗？"一开始没有人搭理我，发过去的声音都因为噪声太大被退了回来。如果不解决噪声的问题，我就很难获得工作机会，但我又没钱租专业的录音棚，所以就想了一个讨巧的方式——躲在衣柜里录音。

当我们进行录音时，话筒收集到的不仅是我们的人声，还有整个房间的声音反射。选择一个可以吸收声音的场地作为录音场所，可以减少房间的混响，使声音变得更为纯净。所以，

　　我把所有厚衣服都挂在了衣柜里，人躲进去刚好还能放下电脑。要录音的时候，我就关上衣柜门，衣柜里面因为被我挂满了衣物，具有很强的吸音效果，录制出来的声音质量很高。

　　就是夏天的时候非常难受，因为不能开空调，否则声音会有杂音。在衣柜里面"工作"太热了，可是我很开心，因为节约了建设录音棚的大笔开支。这一年，我在衣柜里"躲"了8个月。

　　机会总是留给有准备的人。在这8个月里，我尝试在衣柜里录制了很多样音，也练习了不同种类、不同角色的声音。一开始因为我的声音太幼稚，被广告、电影、纪录片等需要成熟声音市场的客户拒绝，我非常沮丧、焦虑、也带着紧迫感，害怕面对因为存款耗尽，只能回到老家的结局。我在衣柜里面不断练习声音表现力，拓宽"声"路，让自己符合市场所需，同时也从自己的声音"特点"出发，努力开拓幼稚型的声音市场。

　　我被吐槽太幼稚的声音，和童声反而很贴近，于是我就把自己模仿的童声发到网上，抱着死马当活马医、东边不亮西边亮的心态，分享我"稚嫩的声音"。自己在网上发的童声模仿，终于被一个客户听到了，对方给我发了一封邮件，邮件内容是：我们正在寻找适合儿童频道的声音，我听到过你的模仿，你有兴趣试试吗？

要点2：个性化声音形象的兴起

好不容易争取到的机会，我当然不会错过，幸运的是，一试样音就过了。为了完成这次的童声脚本，我随时随地都在想着如何用声音展示出角色的感染力，我练了一遍又一遍，才开始正式录制，录制完之后，自己反复听，听到不满意的部分，就继续推倒重来。录好的作品全部交付之后，对方是满意了，但我的声音却在那段高强度的工作后全部垮掉了。

录音完成后，我非常高兴地问了客户："你为什么最终选择我来录呢？"

"因为你的表现力很强。"

客户没有单纯说我的声音好听，而是用了表现力这个词，我就开始思考，没有见过面的人是从哪些维度来评判一个人的声音表现力的？

随着经验的丰富和教学的累积，我发现一个人的声音表现力，就是你声音的"夸饰"程度。你可以把它理解为扭曲声音的能力，声音的扭曲力，不仅是后期录音，更是领导力语言中被大家忽视的一大魅力要素。我听过很多声音音质不错，但是扭曲力太弱的表达和发言，其效果反倒不如声音辨识度高的，有着天然扭曲力的声音。

举个例子，比如"唐老鸭""孙悟空"的声音，在配音领域中，扭曲声音的能力已逐渐成为艺术中的新元素，这意味着我们在传达信息上比以前更加自信、铿锵有力，也给予了我们一个更好的机会，来表现那些经典的艺术形象。可以说，越要有冲击效果，想展示自己的强大和力量，就越是比大多数人要夸张。

这就是古希腊人对这种能力的描述：夸饰。声音里的夸饰能力，就相当于视频里的渲染功能，这是十分重要的能力，它能点燃听众的好奇和激情。在领导力语言中，领导者的声音幅度，通常都有夸饰效果，所谓夸饰，就是比自己平时的声音状态要夸张，是一种非常自然地夸大他们的情感状态。

我在台上演讲时，也常常会运用夸饰的手法，施展声音的魔法，让大家全程都听得津津有味。和小朋友讲话时，我也经常扩张声音的幅度，以达到吸引对方的目的。但是那一次录制童声时，自己只是朦朦胧胧地了解给声音"减龄"的夸饰运用术，换句话说，就是通过模仿，"误打误撞"地知道了声音的效果，至于是否科学，是否会对声带造成损害，并没有考虑太多。全部的童声稿件录完后，我强烈的表现力也释放完了，我的声音在接下来的一段时间里，却完完全全垮掉了。

当时我被吓坏了，连续好几周，自己都不能发出声音来，就算勉强说话，发出的声音也是沙哑刺耳的。我暗自后悔，为什么要那么"粗暴"地使用嗓子，现在造成损害了，以后都不能说话了，这种"失去声音"的恐惧折磨了我很长一段时间。由于有声音曾经垮掉过的经历，为了打赢持久战，我给自己建立了第一条声音练习的"军规"：想要让声音有表现力，就不能让气息随呼吸散了。因为，给声音"减龄"是一份"高"强度的工作，需要让音调升高至额头。这时人的声带绷到最紧，如果没有气息的支撑，反靠蛮力绷紧声带，必然会因不科学的"夸饰"方法而损伤娇嫩的声带，从而导致声音垮掉。只有充分运用气息，才能轻松省力地给声音"减龄"。建立在这个基础上的声音表现力，才不会由于长时间用"装嫩"的角色声音说话，而导致声带受损、声音沙哑、垮掉。

从那时起，我也开始意识到，当声音表现力崛起为一种商机时，绝对不能杀鸡取卵，要稳扎稳打，才能让有声艺术的生命力更长久。让声音具有扭曲力，不能靠蛮干，得用科学的发声方法。到底什么是科学的发声方法呢？其实我当时也摸不着头脑，专业书籍里的太多专有名词，对我而言简直就是天方夜谭。

常常有人问："你是怎样从会计领域进入到声音领域，成为声音教练的?"我认为是得益于直接面向市场，也就是消费者的市场，在这个市场里，是这些消费者教会了我那些抽象的专业名词。直接和顾客打过交道后，我的头脑中，不再是专业名词，而是听众的直接感受，这些经验又帮助我在教学的过程中设计了很多创新的工具和体验方式，帮大家快速和自己的声音建立联系，懂得有效控制和修饰自己声音的技巧。

要点3：声音形象与商业的结合

　　录完所有的童声文案后，到了结算的时期。因为录音行业是按最终产出的声音时长来作为结算尺度的，中间自己练习和反复返工的时间是不算的，所以验收合格后，开始进入最终剪辑完成的成品总计时阶段。对我而言能够争取到这个机会很不容易，于是并没有对自己录音时长太过在意，结果核算出来后，发现整个成品有16个小时，客户支付了16万的报酬，时薪上万，一举解决了我要缴下个月房租的问题。

　　原来靠有表现力的声音能挣这么多钱！我惊喜之余更是惊讶。我的声音恢复后，所有的时间都被充实的声音练习和新的录音工作填满了。随着声音练习渐入佳境，我所能呈现和演绎的声音广度不断增加，纪录片、故事、广告、课程、动画等等声音需求市场，都出现了我的声音作品。短短一年，由声音给我带来的收入突破了一百万。

　　我每天与客户交流的过程，基本分为三个步

骤：对方提出要求，需要怎样的声音来演绎；我会先尝试着模仿出顾客需要的感觉，作为样音提供；在试样音的过程中，听众会给我反馈。他们的反馈是很重要的意见来源：声音听起来磁性不够、声音听起来不够大气、声音听起来不够有温度等等。

但客户口中的这些词汇，在专业词汇中是没有与之对应的。也正是因为这个"鸿沟"，在与客户交流中获得客户的描述性词汇后，我再与专业性词汇进行对比，在这个过程中，我慢慢地建立起客户的描述和专业词汇之间的对应性联系。

正是在这个过程中，我弄明白了原来客户提到的这种描述性词汇，具体需要如何去做出调整，以及对应起来调整的操控按钮在身体的哪个部位。这也为我后续指导学员提升声音表现力，为学生的声音赋予价值，奠定了基础。

当我的声音被市场广泛接受之后，我更加笃信这个信念：声音个体的崛起，表现力是一种商机！当你的声音对别人有了价值，你也就实现了自己的价值。每当由于懒惰不想练声时，这句话成为支撑我不懈怠的信念，坚持走完从声音小白到开口争取到机遇的练习过程。

我对声音练习零基础人群的指导，本质上就是为大家的声音赋予价值，不管你是自己练声，还是通过聘请专门的声音教练练声，我们需要达到的最终目标，就是为自己的声音赋予大部分人不具备的表现力和价值感，货币报酬就是你声音价值的体现。我相信，声音表现力的需求在哪里，价值洼地就在哪里。

　　我自己的经历就是很好的说明，刚到上海的第一年，通过后期制作、录音等，逐渐获得更高的单位时间声音价格，靠声音挣到了人生的第一个 100 万正是这项信念的最好践行。

　　当时，我并没有想过自己第一步会比较顺利，2010 年的我，只是想要解决下个季度房租的问题，于是每天坚持在"衣柜"里练习声音，练习给客户打电话，练习达到客户需要的表现力，我常常开玩笑说，这是我"意外"达成的目标。但千里之行，正是起步于每一天的跬步。"前半生我努力养成塑造自己的习惯，后半生习惯成就了我。"

　　解决在上海立足的问题后，我并没有止步于此，而是努力地抓住了另一个机遇。网络音频时代兴起后，我有了更大的展示舞台，凭着自己突出的声音表现力，变身为各大知识付费平台的明星老师。另外，我将自己的声音优势和阅读爱好跨界结合创立了声读文化公司，并将自己在声音和阅读方面的经验陆续整理，目前已经出版畅销书《如何练就好声音》《任何人都能说服的声音运用术》《如何练就阅读力》等。

要点4：普通人也可以对接有声市场

为什么有人说话时，尽管思路、逻辑顺畅，但发出的声音却断断续续、吞吞吐吐？

我们说话发声时，有很多一不小心就溜出来的干扰因素，让声音不够好听。比如：第一，断断续续的空隙、迟疑；第二，反反复复的重复性用词；第三，很明显的呼吸声。

它们真的很讨厌，让你原本非常清晰的思路瞬间打断，自信的形象极速减分。在教学中，我也听到很多人诉说过自己的苦恼："珊珊老师，我最怕的是和领导汇报了，每次和领导汇报，本来自信满满，但是说着说着就仿佛泄了气的皮球，变得语无伦次。"

这些干扰性因素之所以在很多发言场合出现，是因为发言者的声音是没经过控制和修饰的，声音展现出来的状态就是脑海里最原始的声音状态，换句话说，就是头脑中出现什么声音，嘴里就发出怎样的声音。如果脑海中断断续续，声音自然也会断断续续，脑海中有很多无意识的口头语，嘴里就会出现这些无意识的口头语。

不妨做一个小测试，大家可以看一下这段话，试着朗读出来。

女人的声音常常比思想更重要 ▶▶▶

女人的可爱有三个方面：声音、形象和性情。男女相爱，相互喜欢对方的声音，怎么样都能接受，即使分手，听到对方的声音，又会产生思念和回忆。

有一对一直没见过面在电话中相爱的男女后来结婚了，只因丈夫十分迷恋妻子的声音。后来男的事业很成功，有不少女孩追他，可他就是只爱那电话中的女人。他最上瘾的事就是听妻子的电话，他们在电话中跟现实一样，不仅充满柔情，而且还会吃醋生气。他们都喜欢电话里的感觉，这感觉令他们无比自由和惬意。

生活中，女人的声音常常比思想更重要。一个声音好听的女人，很容易被周围的人接受，即使她思想简单，别人也会说她单纯美好。女人的声音可以训练，这跟女人的形体一样。

朗读的时候，用手机录下自己的声音。录制结束后回听自己的录音，如果听到朗读时一句话断断续续，偶尔还伴随有许多无意识的口头语出现，比如：嗯、啊等等，这就是非常典型的没有经过控制和修饰的声音。

其实拥有听众或领导喜欢的汇报风格并不难，自信、清晰、简洁的感觉就好。做到这一点也并不难，对那些偷偷溜出来的干扰因素，稍微施加一些有意识地控制和修饰，把它们藏起来，声音魅力就会快速增加！

水深则流缓，语迟则人贵，修饰和控制的技巧不仅能帮助你提升谈话魅力，声音从日常应用进入到"工业级"的付费标准，也可以通过对它施加控制和优化，带来质的改变。一个人的声带是天生的，但声音不是，声音是可以通过科学的学习、训练进行控制优化。

躲在衣柜里的 8 个月，除了录音工作之外，业余时间就是和上海的姐妹聚会聊天。正是在聚会时，让我发觉了都市女性的新困惑。我有一个上海的好姐妹，她的女儿小名叫豆豆，所以我在这里就叫她豆豆妈吧，她是一位全职妈妈。由于之前工作的原因，每次她邀约我，几乎都没能成行，后来与她见面时，我发现全职妈妈的生活地位，可以用这样一句话概括：女总裁 > 女白领 > 大龄未婚女性 > 全职妈妈。

作为全职妈妈的她无奈地说："我生活在女性鄙视链的终端，没了经济来源，公婆家看不起；全心陪伴孩子的成长之后，自己的成长怎么办；和社会脱节，与老公也没了共同语言……"

这样的焦虑和惶恐，每次聚会时都能在她的口中听到：想边带孩子边做点事情，却又不知道该做点什么。成为全职妈妈后，她才发现许多事不是原来想象的样子，自从在家带孩子，每天到了 4 点半就开始眼巴巴地盼着老公回家。无法自己挣钱自己花带来了危机感，说白了就是经济不独立渐渐加大了她由于成就缺失带来的焦虑。她对我说："从怀孕到现在孩子两岁半，短短三年，我跟老公除了孩子和生活琐事，已经快没有共同话题了，我的生活已然跟社会脱节。"

听到自己好姐妹的这些困惑后，我开始说服她学会用声音来挣钱。我对她说："你可以尝试每天抽 2 个小时出来，像我一样工作，这样陪伴孩子和获得经济独立就不冲突了。"

她问："谁会需要我的声音啊？"

"你的孩子啊，千千万万个家庭的孩子都需要啊！"我激动地回答。

妈妈们每天会给孩子读故事，但是却不具备给孩子读故事的声音表现力，没有办法让故事一听难忘。豆豆常常对她说："妈妈，要是你能像涂阿姨那样给我讲故事就好了。"

最终还是女儿的这句话触动了她，原来豆豆不是不喜欢绘本，只是不喜欢妈妈讲的绘本。豆豆特别喜欢听我讲故事，是因为我能模仿各种小朋友喜欢的动画人物，讲起故事来惟妙惟肖。

这就像家里做的饭菜，不如饭店的饭菜精致，大家去饭店除了吃味道之外，还有吃家里没有的环境。而孩子们喜欢听别人讲故事，正是因为这个讲者具备了吸引人的表现力，能营造和渲染出故事的情境。

她半信半疑之后，我第一步是对她的声音表现力进行分析：天生大嗓门，每次说话都"不怒自威"，再大点声孩子就害怕。

分析之后，我便开始了对她的声音改造计划，从这样的起点开始，的确是有难度的，但是因为目标明确，要塑造出女性温柔地讲故事、同时具有角色扮演的多种声音效果，通过一个月的时间，重塑和增强她声音里的表现力。

从基础气息到配音技巧，每天坚持练习，生活中也会有意识地运用所学技巧去控制声音。很快，她就能感觉到自己声音的变化，给孩子讲故事也能模仿各种小动物的声音了。她的声音表现力越来越强，当声音面貌重塑达标后，我开始介绍豆豆妈为一些客户录制童声和绘本故事。就这样，她给孩子讲睡前故事的技能用在了挣钱上，所以，带娃和挣钱完全可以相辅相成。

豆豆妈声音变现的成功，更是给了我新的启发："原来我还可以帮助别人重塑声音，靠声音挣钱。"

因为自己创造的独特工具与方法，能帮助零基础的普通人掌握对声音控制和优化的技巧，受到越来越多学员的肯定，于是除了完成日常的工作室录音之外，我创办了专门教人拥有好声音的"声读文化"公司，以声音教学为新的创收业务线。

我特别理解普通人面对专业教学的困境，因为课程太抽象。普通人对于发声肌肉地掌握需要基于日常的真实体验，所以我创造的贴近生活的工具与方法，帮助大家在最短的时间内学会声音运用术，蜕变声音来提升魅力。

也许大家会担心，我已经 30 多岁了，声音还能改变吗？

豆豆妈可以，你当然也可以！

我的声音表现力带来的教学技能，帮我打破了职场天花板，做声音教学时，我的一对一指导收费高达 1 小时 5000 元，但教的方法因为非常实用，很多人慕名而来。声音的应用场景不仅仅只是女性给孩子讲故事，任何需要频繁交流和展示个人品牌的场合，你都需要声音的支持。

目前，有声音频 App 的用户规模数以亿计，这也意味着背后对声音的巨大需求。知识付费兴起后，我因为线下教育的经验，开始把我的线下课程通过声音节目的形式展现到网络上，声音表现力的技能贯穿我的人生，让我在短短一年的时间里突破了职场天花板，我决定让更多人分享互联网的红利，蜕变声音来提升魅力。这一决定，让我因为好声音课程收获了 10 万付费用户。

可能读这本书的读者，也许正面临一些经济上的问题，也许正在探寻一种低成本的"投资"，也许希望能利用自己的经验、知识等尽快实现买房买车的小目标。作为上班族，你可能很难赚到巨额财富，但你完全可以利用业余时间，录制一篇文章，来获得低成本的收入。

要点5：选择比努力重要，把握知识付费的风口

996现象的刷屏，让2019的网络热词又多了一个：加班型穷人。这里比喻一个人年薪很高，但是加班很多。尤其是在一味鼓吹努力的职场文化下，许多人都会被渐渐麻痹，你看，比我有钱，比我优秀的人比我还努力，我这点苦算什么呢？

于是盲目相信加班越多，锻炼越多，赚得越多，会继续不断加班，如此这般陷入死循环。其实，算上加班时间后，实际时薪和月薪几千的人相差无几，所谓"少爷的年薪，跑堂的时薪"。

如果一个人一开始努力的方向就错了，单纯的一味努力，最终的结果一定就是事倍功半，南辕北辙。我在读《骆驼祥子》这本书的时候，深有感触，毁掉一个人的最好方式就是让这个人瞎努力。

祥子的人生三起三落，在这三起三落的人生中都曾出现过重新翻盘的转机，但祥子最终把手上比别人更好的牌，打成完败的结局，就是因为

祥子虽然在努力，但却总是瞎努力。

与此同时，也存在着很多加班型富人，他们的工作时间并不比上面提到的时间短，甚至长更多，一天跑四个城市的都有，但不同的地方是，他们的跑动和你的跑动目的完全不同。他们的跑动不是简单地复制，而是要实现层级地跃升。

从加班型穷人到富人地跃升，其实就是认知＋方法地跃升。

内心一直有一个声音告诉我：克服穷忙，才能挣到钱。换句话说，时代在变，社会环境在变，没有一种方法在每个时代都能奏效，最重要的是要辨别不同时代的突破口，看到适合自己特长的平台，所积累的一身武艺才有用武之地。

我很怕进入到一种无限循环的固定模式中，如果一段时间，我总是在无限循环地做相同的事情，我就会停下来寻求，内容或形式的创新，这都是思考的方向。在这个思考中，我看到了知识付费背景下声音工作者的职业生态变化。

过去的声音工作者是一对一地"定制化"生产，而这个时代新兴声音市场的出现，让这些工作者们可以一对多地进行批量化生产。从工业化的初期，进入到了工业化的成熟阶段，这是我们生存生态的巨大改变。

我一直倡导，每个人都可以通过思考和行动，配上对应的技能，在当下的时代规划出自己的商业模式，实现财务增收，而我自己也是这样践行的，这一决定让我自己主讲的声音课程收获了 10 万付费听众。

　　过去的声音工作者，为什么不如现在收入高呢？因为他们的时间只能卖出一份，因此生产的上限就是自己的时间上限。再加上因为环节过多，审核过严，常常造成还未坚持到最终输出，创作者已经由于内驱力耗尽，而停止了耕耘。

　　有声节目付费的本质，是把产品或服务变成声音，以实现商业价值。和以往人们熟悉的图书、报纸等"出售"产品、服务的不同之处在于，活跃在这个领域的一大批公司、平台和"内容网红"，他们是将自己的内容技能通过互联网进行变现。

　　互联网就是我们的时间复制器，这让声音具有表现力的人占有的市场越来越大。

　　互联网对声音的变现，能省去诸多冗余的环节，让生产者以最快的速度实现内容商业化，大大刺激了人们的行动意愿，让人们更努力关注自己的内容生产。

　　借着知识付费的这个契机，我开始了试水线上课程，并开始尝试把自己对声音"日用品"的培训，搬到互联网上，把自己的时间卖出更多份。

　　在"要点3：声音形象与商业的结合"中，我提到过需求在哪里，价值洼地就在哪里。声音的投资价值随着时代不同，需要被重新思考，这段重新思考的过程，也让我从消费者的角度去看见知识付费带来的价值。

抵达便捷性 + 时间稀缺性

"抵达便捷性"已经由于互联网的普及而实现了，这时我自问：我是否能实现为听众稀缺的时间提供服务价值？

通过自问和思考，我发现过去的经历已经切实证明了，我在最短的时间内帮助学员建立起自己对声音的掌控能力。

记得有一次在昆明分享我的书籍《如何练就好声音》，主持人最后问了一个问题，他说："我的专业需要学 4 年，才能够把声音练好、运用得更好，但是你说可以在一个月的时间内就能让学员改变他们的声音，能不能在现场给我们展示一下？"

于是，我当场请了一位听众上台，先倾听她的声音来发现问题，随后提了两个优化声音的建议，并用技巧带领她现场感受和练习，接着请她用练习后的声音重新做了一遍自我介绍，在不到 5 分钟的时间内，帮助她改善了自己的声音形象。所有的听众都惊呼："哇，真的很明显。"除此之外，在每一次线下讲座时，我也发现大家对这种立竿见影的声音掌控效果趋之若鹜。

听众发现有人能在短时间内，为他们解决问题、赋予价值后，信任感便会建立和增加。这是一段漫长的旅程，但绝对是值得去投资的旅程，那些让大家信任的人永远会是稀缺的，信任是永恒的交易入口，未来的一切交易都是信任社交。

要点6："网络孤点"的引爆

史蒂夫·乔布斯说："你应该找到你所热爱的。"如果这个是你所热爱的，又是能够使你不必为柴米油盐困扰的，我看不出这有什么不好。我们每个人都有自己的热爱，但却不是每个人都能为自己的热爱找到市场，最终不得不放弃自己的热爱。想要自己的热爱不为柴米油盐所困，就要持续地为自己的热爱寻找"网络孤点"。所谓"网络孤点"，就是让自己"与众不同"的福地。

好声音除了共性之外，还有另外一个特点，那就是独特的识别力，就像电影《教父》中那沙哑、沧桑的声音可以成为极具备辨识度的经典之声。每个人的发声器官和发声习惯都有自己的特点，生理结构和用声习惯上的区别也会带来自己声音形象的区别。也正是因为这样，我们更应该去发现自己声音的独特点，克服所短，发挥所长。

如果我一开始就以大家认为的"好"声音标准去定义自己，我永远也不会找到声音自信，因为我的声音太幼稚，听起来太像小孩子，为此我经常受到打击。广告、电影、纪录片等根本不欢迎我这样的声音，他们需要的是成熟的女性声音来体现那种睿智的解说感。我会永远受困于自己的沮丧和焦虑，但是我通过"网络孤点"找到了因为自己的声音稍显幼稚，而贴近童声的"福地"。

我相信我的故事和方法，也会帮助你挖掘出自己的潜力，让你跳出思维框架，帮助你深入发掘自己的天赋和激情，发掘自己的赚钱能力，甚至通过我分享的声音训练法，帮助你利用自己的声音，表达和传递出自己的技能或知识，去改变、去创造影响力，去成就梦想。

你需要做的就是不要停止寻找和挖掘自己的"网络孤点"，利用自己的"网络孤点"，释放自己的光环效应，我的行为和结果也是如此。

第一桶金，是因为第一个"网络孤点"。我通过训练自己的声音特别是童声，进入了"商用级"声音市场。

第二桶金，是因为第二个"网络孤点"。我看到普通人也有声音训练与提升的需求，通过为大家培训声音，获得互联网公司的邀约。

第三桶金，是因为第三个"网络孤点"。我看到有声节目付费的本质是把产品或服务变成声音，以实现和引爆一对多的商业价值，结果有 10 万人购买了我的知识付费产品。

三个"网络孤点"的故事都真实发生在我身上，我根据自己的声音特质，找到市场、洞悉时代需求、选择平台、占位积累、持续输出，给听众提供独特的服务和产品，从而成就一番事业并过上自己喜欢的生活。从下面的声音变现作战地图（见表 1-1）可以了解这个过程。

表　1-1

声音变现作战地图			
级别	从 0 到 1　→　起步期	→　壮大期	→　品牌期
核心能力	找差异	能持续	找机会	拓宽赛道
认知差别	破局点	生态位	机会觉察	进化
考验	行动能力	系统观	平台观	历史观
行动	冲	匀速运动	扎根	变革
我的步骤	专攻童声	衣柜创业	声音教学	出版专著 个人品牌多维度开发

金钱买不来幸福，但提升思考、对世界有敏锐的洞察力、把握掌控商务变现的时机和能力，就能提升财商并改变生活从而产生积极影响，甚至帮助更多人。

后来，我把自己的行动过程，总结简化成：寻找自己的"网络孤点"＋占位积累＋系列化产出。

寻找自己的"网络孤点"，就是人无我有的立锥思维，再小的落脚点，也是占位。

人无我有，并不是真的在这个世界上没有，"百姓日用而不知，故君子之道鲜矣！"说的就是大家并没有意识到自己其实拥有许多可以创业的技能。

你可能觉得自己没有好的想法，也没有特殊的技能能够帮助自己成就一番事业，你所拥有的疑惑，其他人也绝不会少。他们被疑惑深深地包裹了，迟迟不肯行动，也不相信自己的内容会被别人需要。

我之所以认为每个人都拥有自己创业所需的技能，是因为你自己可能并未发觉，每天看似平淡无奇的日常生活，实则可能给你带来很多创业话题。

想想你的日常生活，或许你就是拥有多项隐藏技能的"专家"。比如你现在的工作、之前的工作、工作的行业、就读过的学校、家庭、邻居、最爱的运动、兴趣爱好、孩子或者亲朋好友、做过的慈善活动、建立的省钱习惯、缴纳的社会保险、晚餐吃了什么、曾经去游览过的地方、家装经历以及园艺特长等，都是可挖掘的话题。

如果你发现自己擅长的技能在一个平台上还没有人做，这就是天赐的占位机会，这是可遇不可求的"网络孤点"。

时机的把握，对于个人的曝光和获利，是非常重要的：选择平台的关键是进入的时机。从微博到微信，内容社区类大平台的发展往往经历萌芽、成长、成熟、衰落四个阶段。最好的进入时机，一定是"高速成长"的阶段：一方面，平台高速增长，新的内容消费形态正在迅速被普及；另一方面，百花齐放百家争鸣，各种玩家纷纷涌入，但是垄断性的头部平台并未出现。此时，平台还存在着无限的可能，听众对新的内容也满怀好奇和激情，远未到饱和烦腻的阶段。

立刻行动，比别人更领先去做，等待别人发现后，你已经在这个"网络孤点"上占位，被大家熟知了，因为你已经在天赐良机的"高速成长"阶段，借助曝光和听众说上了话，通过听众分享的力量，让更多听众参与进来了。所以寻找自己的"网络孤点"指的是你所想的内容，在平台上有没有人做的这个孤点。

当牢牢地打好桩，纵向占据这个"网络孤点"后，再来开始横向展开，来借助更多平台扩大知名度，这是强化听众记忆和认知的重要途径之一。

每一个时期，都会有新的工具与生态被重构，在这个过程中，又会诞生新的"网络孤点"。我时刻提醒自己牢记"孤点价值论"，把思路打开一点，不要固守已有的形式，个体就能收获更多听众的注意力。

同样在上海，全家便利店的数量要远远多于快客便利店的数量，几乎每条街道都能看见全家的身影，这就是一个领域内的横向占领。让大家在很多平台都能看到你的形象就是给听众建立一个先入为主的意识。这一点一定要建立在借助一个平台运用占位思维，把内容稳定引爆之后，否则多处使力会把你仅有的内驱力和时间消耗掉。

第二章　定位你的声音形象

——扩张想象，发现有声领域的新大陆

平庸只是才艺没有找到自己的位置。经过努力塑造后的声音形象，只有找到自己"福地"，才会产生价值。在商业应用和市场中分析自己的声音特质，"就近"确定自己的声音原型，塑造自己的声音形象，寻找与自己声音形象、内涵能力的交叉点，在有声领域找到适合自己发挥的新大陆。

要点7：什么是成功的商业用声？

要点8：找到自己的声音"福地"

要点9：可爱的软萌音，适合的声音产品

要点10：女人味的御姐音，适合的声音产品

要点11：沧桑的妈妈音（老年音），适合的声音产品

要点12：青涩的青年音，适合的声音产品

要点13：成熟的大叔音，适合的声音产品

要点7：什么是成功的商业用声？

认识你的声音资源

——声音的硬件和软件

听到硬件和软件的说法，我猜你会首先联想到计算机或手机的形象，毕竟这是我们生活中接触最频繁的两件工具。使用计算机和手机时，你会发现，硬件的外形和构造差异不大，而应用软件却是各人有各人的喜好。因此，我们可以做个简单的归纳：硬件是看得见摸得着的东西，软件是应用习惯。

我们的发声系统扮演的就是硬件功能，它是看得见摸得着的构造，人和人之间差别不会很大。人们经过思考后，表达出声音语言，这些声音风格各不相同，有高亢激烈的，有温暖动听的，有撒娇发嗲的，有咄咄逼人的。如果你仔细听取和拆解这些声音信息，你可以听到不同的交谈者，由于声音展现出了不同的节奏，释放了不同的意图和情感表现力，这就是声音的"软件"。男女老幼，因人、因时、因情境而异，"软件"差别可以很大。

"硬件"：身体内的发声肌肉构造。具体的组成就是动力肌肉、美化肌肉、造字肌肉。

"软件"：随情感变化而产生的声音变化。具体的呈现就是语言的组织、语气、节奏。

"日常" ≠ "正常"

我们经常会听到，一个天真活泼的孩童的声音动听程度，比过于羞涩不敢说话的成人要强很多。

比如，在伊朗电影《小鞋子》里，做父亲的收入养活不了一家人，为了生计，父子两个鼓起勇气去城里的富人区寻找打理花园的工作。父亲骑着家里唯一的自行车，带着孩子挨家挨户地按门铃。门铃里问："你找谁?"这个父亲竟然不敢开口回答，贫穷给老实人带来了心理障碍，由于不敢出声，又害怕被人当作恶意骚扰，他甚至带着儿子逃走。经过不断尝试，最后开口应答的还是他的儿子，这样他们才得到这个打零工的机会。

这个故事告诉我们：他们就是由于自卑和畏惧，导致自己发声有障碍。其实每个人都曾有过洪亮、有气场的动听声音，这一刻通常是从刚呱呱坠地的那一刻起。之所以在我们现在听到的声音世界里面，每个人产生出完全不一样的声音形象，那是和我们日常养成的发声习惯相关。

"你所熟悉的正常发声方式，其实存在错误。"我经常分享给学生们。

有句广告词："你本来就很美。"我想说："你本来就很动听。"由于大多数人使用一种扭曲的声音在说话，误当"扭曲"为"正常"，不到30岁就有了慢性咽炎。所谓扭曲就是没有科学发声造成的，扭曲的结果就是嗓音沙哑、沉闷、暗淡、无吸引力。

不要"迁就"现有的发声习惯，要有意识地用科学方法改变旧习惯，因为我们此刻的旧习惯并不科学。一些声音工作者的嗓子没有留下岁月的痕迹，正是因为与常人相反，把"正常"变成"日常"，他们懂得声音是件需要保质一生的工具，在日常使用时必须科学"照料"它。

其实我们是可以延长好声音"寿命"的，有些明星在50岁时还依然保持少女感的声音形象。只要有耐心，人人都可以延长好声音的"使用寿命"。声音改造的必经之路，就是要循序渐进地从改变下意识的发声动作开始。

声音使用的三大误区

——吸气抬肩、压喉锁喉、闭嘴说话

不懂得如何使用这些硬件设施，声音不动听，和许多"坏

习惯"有关，这些"坏习惯"就是大多数人下意识的发声动作。

这就像你和好朋友同时购买了一辆汽车，由于你喜欢户外越野，经常在坑洼路面行驶，汽车损耗很严重；而你的好朋友，因为喜欢在城市中驾驶，再加上懂得如何养护车辆，汽车使用了很多年还像新的一样。

声音习惯和行为习惯一样，有迹可循。问问自己，有以下无意识的习惯吗？

1. 向上吸气时，肩膀上抬，呼吸浅、短。

2. 讲话时含糊不清，嘴部张开幅度小且运动很少。

3. 说话时，总是用尽全力向喉咙施压，但声音依然很小。

4. 你的声音没力度、音量小、不清晰，经常被人指责"声音太小了听不清楚"，话说完了，嗓子也哑了。

如果选项超过3个，那么你连续说话超过30分钟，声带就会疲劳乏力甚至疼痛。

这些下意识的习惯稍加改变，不好听的声音就可以调整过来，越是有意识地改变，进步的速度越快。一个比较好的办法就是，把目标明确化、可视化。让你的"敌人"被看见，这样改变的意愿和效率就能提升很多。人们内心都是懒惰的，面对一个看不见的目标，人首先想到的是，那我还是不要去尝试了吧。

我们喜欢为能预知结果的目标去努力，懒惰在各方面都存在。如果我告诉你："想要减肥，你就必须要多运动。但是运动到什么程度才能减下来？我也不知道"这对于你而言就是看不见的目标，因此你很有可能还是延续原来的生活方式。回顾自己的声音改造历程，学生时期进步最大，因为我清晰地列出了问题，并设定好阶段性的改变目标。

让目标可视化，就是把抽象变具体，接下来我将用一辆汽车来类比，它代表你的"发声肌肉群系统"。我们一起来认识一下这辆高性能的豪华汽车，是如何被你开得伤痕累累的。

你的发声肌肉群系统就是这辆汽车，它分为动力区、操控区、装饰区。如果你不懂得汽车为什么会跑，就不能积极主动地去管理好这辆跑车，时间一久他们就会出现许许多多的管理漏洞，导致你的"汽车"出现各种状况：松软无力、沙哑、刺耳等等。

不善管理的原因，往往是我们认为说话发声只是喉咙的事，因此就忽略了要把发声系统的"动力区、操控区、装饰区"整体配合起来使用。

"名嘴"声音的第一个秘密

——懂得使用气息

成为"名嘴"的人，都是声音有"光"的人，这种光芒就是在听众头脑中所创造出的与众不同的记忆点。我们每个人的声音，都有被人记住的特点，只不过"名嘴"有更动听的记忆点，而你的声音可能是因为这些关键词而被人记住：沙哑、大嗓门、聒噪等等。

"喂!"

"你谁啊?"

"我你都不知道了啊?"

"不好意思，我没听出来，你再多说几句?"

"喂!"

"XX，是你啊，你的声音还真是动听啊!"

后者是我在训练声音后，经常被人提醒的特点。从一开始不被人记住，到一听到声音便能叫出我的名字，顺带还赞扬我的声音，其中的转变就是从懂得整体运用发声系统开始的。

当人们发出感叹："XX，是你啊，你的声音还是那么动听啊!"这说明，人们记住了说话之人的声音特征。

正如看到美女、帅哥时，你会赞叹这人长得挺好看，一提到王凯、靳东、张涵予等人，大家也都会想到他们的声音很动听。我们之所以会记得动听的声音，是因为人的大脑中更偏向于去记忆美好的东西，它会让自己在烦心的生活里感到一股愉悦的力量并减轻压力。

声音动听的人，正是科学地运用了看得见摸得着的发声系统，发出了动听愉悦的声音。听众给出的经验性评价便是：这个人声音还不错。

带来"动听"特质的原因，首先是他们发声的硬件。这些动听声音的硬件有什么共同点吗？答案是，有的。这就像人们觉得好身材总会拥有腰窝、马甲线、大长腿等一些共性特点一样。

虽然听众给出的经验性评价是：这个人声音还不错。这个评价其实包含了两个关键词：清晰和音色不错。

他们发音要做到清晰又动听，这些声音音高的频率都处于人耳可以识别的范围之内（20Hz～20000Hz）。语言工作者中受欢迎的声音通常都是男女中音，过去我的声音之所以被客户吐槽太幼稚，就是因为我的声音属于高音，平时说话太贴近孩子的声音高度。

我们可以根据音高分为高、中和低音，并且搭配上各位主播的性别，形成了男高音、男中音、男低音；女高音、女中音、女低音，其实，在现实生活中大多数男生和女生都是中音。

于是，硬件锻炼的基本目标就有了：清晰加上一个好的中音音色。为了练出好音色，我蛮干过，因为练习时一味贪多，又追求洪亮，练习没有循序渐进等等，引起声带劳损与病变，造成的结果是"悲惨"的，整个声音全部哑掉了，导致一段时间必须彻底噤声。

但我发现节目主持人很多都是一人负责多档节目，说话的量比我大多了，但声音形象却一直都保持良好，到底是为什么？我发现了这其中的差距就在于他们会用气息，而我过去总认为说话发声只是喉咙的事，所以我把力量和压力全部体现在喉部，完全没有利用好自己的气息。

虽然我知道声音的动力来自于气息，并且也都明白这些道理，但还是费了好大力气才能熟练掌握。从道理到灵活运用，真正能掌控好气息的过程中，我走了很多弯路，白白浪费了体力，主要是因为我在练习时能有意识地注意自己的气息，但一回到生活中，就不会刻意地掌控气息。

有过因为蛮干而噤声并等待声音恢复的经历后，我更加珍视气息，给自己建立的练习规定是：想要让声音动听，就不能让气息随呼吸散了。

扫码听听看，有气息和没气息时两种声音的区别

名嘴声音的第二个"秘密"

——懂得美化和控制

在声音的硬件中：动力肌肉、美化肌肉、控制肌肉对应的效能见表 2 - 1。

表 2-1

动力肌肉	重建呼吸：想要让声音动听，就不能让气息随呼吸散了
美化肌肉	解放喉咙：喉部是声音的发源地，喉部不放松会造成沙哑、干涩、疼痛等喉疾 打开共鸣：共鸣的意义在于扩大和美化声音，让声音更加圆润饱满、优美动听
控制肌肉	口腔造字：口腔是语音的制造厂，决定吐字是否清晰准确、音色是否明亮、声音是否有亲和力

将动力、美化和控制这三个环节整合起来，这就是"名嘴"声音秘密的三大硬件，我把它做了可视化拆解（如图 2-1 所示）。有效的练声就是对这些系统进行更新升级，让你的声音能在发出去之前被装饰和操控好，而非随随便便地使用。

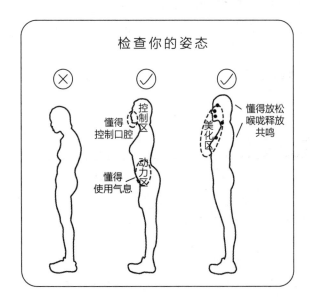

图 2-1

　　过去不懂得练声有其先后顺序，所以我针对这三大硬件胡乱练了一通，但后来发现，这些练习只有通过科学的步骤，才能帮助零基础人员逐渐掌握。

　　当我们看见了"汽车"的内部，掌握了声音运作的核心，接着就是分解这些核心对应的有效练习绩效点，了解这些绩效点是如何分布的。绩效点就是练习的重点，这部分的练习你只需要掌握每个阶段提到的几个绩效点就好了。当我们把这些绩效点所在的肌肉控制力练纯熟，你的声音魅力就出现了（如图2-2所示）。

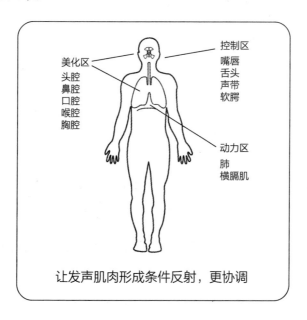

图 2-2

　　这个练习过程用三个词语来描述，就是：放松、加强、整合。

我把这些练习的绩效点，专门分解出来，并针对零基础人群，设计出了创造性的练声工具和体验，呈现在本书配套的练声手册里。

在后面的章节中，我将详细分享为了达成不同的声音效果，我是如何"意外"发现这些练声绩效点的故事，随后又创造出了独特的练习工具，最终让大家能体会到声音变化的轨迹。现在让我们先一起继续认识"名嘴"声音里的秘密吧。

"名嘴"声音的第三个秘密

——富于变化

为什么同样的内容，你说的没有代入感呢？这是因为你声音里的变化太小，不如"名嘴"传递出足够的变化。这些富有变化的声音案例，我们一定不会陌生：蜡笔小新、周星驰、葫芦娃、樱桃小丸子、孙悟空等等。

接下来，我将和你聊一聊"名嘴"声音里的第三个"秘密"——声音的软件部分，换句话说就是声音的变化部分。人和机器的区别在于人富有情感，机器只遵守指令。人的声音和机器的声音，最显著的区别就是人会随情感变化产生声音的变化，具体呈现在音调音色、语言组织、语气转换、节奏变化中。

如果世界上人们的声音都动听，换句话说，动听已经不再成为声音的辩识度之后，能区分人和人不同点的地方，就是人交谈时，声音采用的变化形式，进而形成的个人风格。这是听众的第二个记忆点。

一个人的思想感情是随时变化的，语言地流动也是为了能展现人内在思想感情的变化，有的人可以抑扬顿挫，而有的人却始终都是平铺直叙。

情感不仅仅是停留在头脑和内心里的感受，更重要的一点就是它听起来是怎样的。比如你可以朗读一下这段文字，或者做一段自我介绍，用手机记录下来并复听，然后从这五个审美维度上给自己打打分，每个维度10分，共50分。

清晰（　　）好的音质（　　）自信流畅（　　）情感饱满（　　）节奏突出（　　）

有人说话，声音忽快忽慢，快慢错位，不善于运用语速的声音技巧，就会影响表达效果。

交谈中，听的速度要比说的速度快。如果声音的速度过慢，经由耳朵传到大脑的信息间隔时间长，就会导致思想开小差。

另一方面，人们"感知"速度又比说话速度慢，如果语速过快，吐词如连珠炮，声音经由耳朵传至大脑的信息过于集中，又会使人应接不暇，顾此失彼，甚至搞得人精神紧张。国外一位厂商的女秘书由于说话时声音语速过快，这位经理不胜其烦，只得提出，如果她不放慢语速，就只好请她离开，以保持自己神志清醒。每个说话发声过程，正如确定谈话基调一样，要有个基本速度，声音速度受制于说话语境。

　　这五点就是大众声音审美的 5 要素，也是听众判断发言者的声音是否有表现力、感染力所依据的共同标准。如果你的打分接近 50 分，那么恭喜你，你已经在声音使用上和"名嘴"们平起平坐了：懂得使用气息、懂得美化和控制、懂得富有变化。

　　从要点 8 开始，我也将要和大家分享更多的具体方法，运用角色定位法定位你自己的声音形象。

要点8：找到自己的声音"福地"

我的练习绩效点1：放松喉咙

创造性的练声工具：叹气

声音"家用机"和"商用机"

——日常说话和靠说话挣钱

每一种技术既可以应用于"家用机"，又可应用于"商用机"，只不过所需的技术精度有所不同，声音技术也是如此。所谓"家用机"，就是日常说话时的声音。如何让你日常说话的声音更有吸引力是大众最普遍的需求。

在我的第一本声音形象塑造书《如何练就好声音》里，针对职场人士谈到了在8种沟通情景里的声音运用术，其中的方法适用于提升日常用声的质量（见表2-2）。

表 2-2

用声情景	声音运用术
理性之声	扭转上司对你的态度
安抚之声	让下属的心得到宽慰
温柔之声	让对方倾心、宽心、暖心
贵人之声	用好声音的温度，充满磁性
王者之声	点燃追随者的热情
热情之声	令人百听不厌
和气之声	和颜悦声对他人
甜美之声	沐浴爱河时给声音里加点"蜜"

我自己的日常声音形象是温柔之声，声音形象比较像邓丽君、杨钰莹，他们在说话的时候给人的感觉是轻柔、甜美，因为我自己生活中的常用音量比较弱，再加上我的语速并不是很快，所以给人的感觉也类似他们，这便是我的声音给人的第一印象，也是我日常用声形象。

所谓"商用机"，就是靠说话挣钱，你可以售卖自己的声音。因为你的声音更有感染力、表现力，具备别人没有的价值。所谓价值，就是你有而别人没有的，没有的人群就会因为需要而出价购买这部分的价值。

声音市场里的各类"商用机"形象，都比日常说话用声的表现力更强，比如电影、商业广告、纪录片、电视剧、动画片、声音教练等，这些都属于商业用声，都需要比日常说话更强的表现力和感染力，所以它们具有商业价值和价格。购买者只会选择声音表现力达标的人，因此达标的声音是更需技术含量的声音。通常，拥有此类技术含量甚至以此为生的人，都会更加珍视自己的声音。

对于声音的重要程度，从歌唱家、演员身上我们能够学到一份珍视的态度，德国有一个著名的演员叫恩斯特·波塞尔特，他非常珍惜自己洪亮、优美又充满着感染力的声音，他甚至对食物的温度都很小心，有一次他甚至把一只便携的温度计插到汤、酒水和饮料里面说："声音就是我的本钱。"

声音不仅对职业用声者是谋生工具，在普通人的日常交谈中，声音魅力也是加分项。一般情况下男人每天说 7000 字，女人每天说 14000 字，怎么能够不主动去了解它、完善它呢？

认识自己的嗓音越早越好，否则使用不正确的发声方式越久，你的惯性阻力就会越强，甚至由于日常工作太忙碌，根本顾不上去改变。无论你是否需要掌握声音的技术，是否需要用于商业发声，通过角色定位法，从更细致的维度上认识自己的声音，都会对自己十分有用。

针对商业用声场景，也就是可以用声音赚钱的市场，"质检员"主要是从声音消费市场已有的产品种类进行的分类和质检，再把声音放上"货架"进行售卖。

想要最快地让自己的声音达到"商业机"的质量标准并实现变现，就要用清晰的角色定位法找到你的声音形象，认清自己的优势，选择和你最近的商用市场，才能找到自己的"福地"和奋斗的主战场。

找到自己的声音 "福地"

——用清晰的角色定位法，弄清楚自己最适合什么

所谓"福地"，就是为声音找到最适合变现的卖点，卖点就是从 0 到 1 的破局点。一个"少年老成"的声音福地肯定是成熟声音市场，一个"呆萌"声音的"福地"，肯定是幼稚音市场。

让自己的日常发声更具吸引力和为自己的声音赋予"商业级""工业级"的技能并不矛盾，但也很容易让初学者踩坑。这个坑就是你从来不知道自己声音的正常高度究竟在哪里，换句话说，就是你没有听出自己发声的真实落脚点。很多时候，我们穿了一双声音的"高跟鞋"，这会让你离自己的"福地"越来越远，把自己带离正确的跑道，正确的做法应该是先测试自己声音的日常高度。

声音太高，我们说话就会费嗓，听者如果觉得你的声音音调很高、很刺耳，就会觉得累并导致反感度增强。

很多人使用声音的过程中是不够科学的，所以说着说着，音调越来越高，给声音穿上了"高跟鞋"走路，造成的结果就是嗓子越来越紧。穿着高跟鞋走路，当然没有穿着平底鞋走路

更舒适。

声音的"日常高度"可以理解为你平时穿平底鞋时的舒适状态。

接下来我们需要做的，要找到自己每天说话发声时最舒服的声音落脚点，那正是你说起来也是听众听起来最舒服时的位置，找准自己的舒适发音位置后，你就踏出了找到福地的第一步，因为你找到了最自然的声音年龄特征，声音年龄和自己的真实年龄并不是一回事。

怎样测试自己声音的"日常高度"？

可以分别记录一段叹气前后的声音样本，用于事后分析、对比复听。经过叹气练习后的声音落脚点，一定比由于喉咙发紧、压力过大的声音落脚点要低。叹气练习后的音高才是你的舒适音高，在日常说话时，提醒自己稳定在更舒服的落脚点说话，以保护自己的声带。

扫码听听看，他们叹气练习前后的声音变化，更自然的声音高度。

声音形象的年龄和自己的真实年龄并不是一回事，它们之间并非完全对等。我有一个朋友，她本人年龄已经接近 40 岁了，但我为她做测评时，即使已经帮助她降低了舒适音高，声音的常用高度还是太靠上，换句话说就是，她的声音形象年龄偏小，只有二十几岁，因此我把她的声音形象定位为少女音。相反，有的女性20多岁，但声音听起来却过于"老成"，这是因为声音的常用音高落脚点太低，声音形象年龄偏大。

接下来，我将教你最简单的评测方法——声音阶梯法。声音阶梯法，将把常用音高对应的年龄特征可视化，有助于你找准自己的卖点和定位（如图2-3所示）。

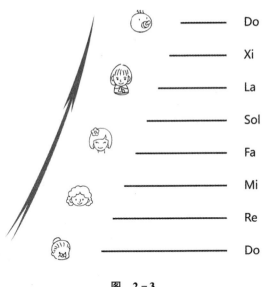

Do
Xi
La
Sol
Fa
Mi
Re
Do

图 2-3

这幅图直观地展示了不同年龄的人的声音阶梯，这是人们听觉经验共性的总结，声音的高低就是我们常说的音调的高低，也可以说是频率的高低。

可以回想一下，自己有没有在一些很正式的场合或庄严时刻，会故意把自己的嗓音压低，尽管这时候你并不知道声音的技巧，但你知道此时开口说话要尽量显得更加成熟稳重，于是你会主动去改变你声音的高低。

即使同龄人，声音的音调、频率特点都会不一样，而年龄的差距又会加大这种不同。频率高的声音非常尖锐刺耳，频率低的声音就非常低沉。我们说这人太高调了，而做人应该低调，这些比喻词语的来源就是声音的这个特性。用低调来比喻做人，联想到的是听众听到低调的声音感到更动听，因为这种声音听起来更沉稳、内敛，也会让人联想到做人要更加稳重一些才让人觉得舒服。

这些共性是符合人在成长时，生理特征的变化与特征相符便是和谐的。小孩子的萝莉、正太音好像早上五六点钟的太阳，老年人的声音似乎是夕阳无限好的时刻。我们很少会听到孩子的声音过于老沉，也很少听到老年人的声音非常萝莉。

我们专门把声音的高低，按声音展现出来的年龄特征，分为萝莉音、少女音、御姐音、妈妈音（老年音）等等。

扫码听听看，萝莉音、少女音、御姐音、妈妈音（老年音）的区别

同时，按由高到低的顺序进行了不同年龄的提示标注，形成了音高变化柱状图（如图 2-4 所示）。

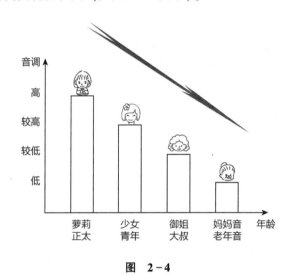

图　2-4

一般情况下，人说话时的音高跨度不会这么大，要做到稳定地从萝莉音变换到老年音，一人分饰多角很难。这是因为大部分人嗓子并不放松，在最左和最右区域的声音是匮乏的，由于不能精准控制声带的松紧，刻意提高常用音调时，声音会因为声带突然紧绷而变得尖锐，降低音调时，声音又会发出颤抖。这就是为什么一个人可以分饰的角色越多，声音的变现力也越强，换句话说就是，每分钟的声音收费单价越高。

找到自己最稳定的常用音高后，就可以开始在已有的市场中，寻找与自己声音形象、内涵能力交叉的商业产品，定位适合自己发挥的新大陆，做针对性练习（见表 2 - 3）。

表　2 - 3

萝莉、正太	7 岁 ~12 岁	高	动画片、广告、电影里的童声市场
少女、青年	14 岁 ~18 岁	较高	电影、电视剧、故事演绎的角色市场
御姐、大叔	24 岁 ~30 岁	较低	情感、广告、宣传片、纪录片市场，电影、电视、动画等成熟女性角色市场
妈妈音（老年音）	50 岁以后	低	电影、电视剧、故事等特型角色市场

　　也许你会问："30 ~50 岁的声音应该叫什么音？"30 ~50 的声音其实也是御姐、大叔音。表格中的年龄区分只是通用数值，所以只列出最有代表性的年纪。当落实到个体时，声音体现的"成熟度"总是个性化的，所以，声音的具体年纪特征，由练习者个人"微调"——想减龄，调高；想增龄，调低。

要点9：可爱的软萌音，适合的声音产品

——认识声音的物理属性：音调高低

我的练习绩效点2：正确呼吸

创造性练声工具：四肢着地式呼吸

我的练习绩效点3：提升音高，让自己更"高调"

创造性练声工具：爬音阶练习、自然升降练习

我的练习绩效点4：解除高音阻力

创造性练声工具：打哈欠

我的练习绩效点5：提升音域的高度

创造性的练声工具：把头低下来说话，声音音调自然上升

我的练习绩效点6：加入文字，在日常对白中，释放童声

创造性练声工具：加入文字，夸大连续音练习

我的练习绩效点7：提高和稳定声音的落脚点

创造性练声工具：用手势指引提高

我的练习绩效点8：增强童声的逼真度

创造性练声工具：把嘴形放圆，出气变小、不拖音

我对声音的第一种物理属性认识最深刻，因为我自己就是通过可爱的软萌音，找到了童声的配音市场。

例如大提琴和小提琴所演奏出来的声音不一样，但它们都有自己的受众和市场，声音市场也如此，世界上没有两个完全相同的声音。

当你通过声音阶梯法，确定了自己的声音年龄阶梯后，在传达和演绎人物角色时就要注意把声音牢牢稳定在对应的高、中、低阶梯上并将它凸显和夸张，以此来增强辨识度和表达力。当然这些都离不开声音动力地支撑，这股支撑的力量就是你的气息，请随时随地记住想要声音有表现力，就不能让气息散了，气息和声音是融为一体的，每一次开口都要有气息支撑。

在这一节中，我将分享给你的经验是：如何释放自己声音的角色力量。关键词是掌握"音高变化"。

音高变化就是高低音调的变化。世界上最昂贵的软萌音是谁的呢？答案是小猪佩奇的配音员 Harley Bird 的。她为佩奇配音的时候，佩奇的年龄设定在 4 岁，用的是 Harley Bird 5 岁的声音。据英国《每日星报》披露，她的录音大受欢迎，还在读书的她每小时薪酬高达 1800 美元，每周薪酬超过 21000 美元。难点是 5 岁的她，因为还不识字，无法读剧本。所以录音的过程中需要其他配音演员先读一遍，然后她再复述。

录音也有"国情"的差异。在国内，市场上的童声几乎都是女性配音员录制的，读一遍给孩子听、孩子再复述录音的情况在国内比较少见，这也是基于效率的考虑，因为那样会把原本录音的时间长度至少延长一倍，成本也会提高。所以在效率和成本的考量下，制作人不太会去找寻符合角色的小朋友来完成配音，这样一来，女性配音员在童声市场上是极具竞争力的，因为他们的声音是童声市场的刚需。

现在的 Harley Bird 已经会读台词了，也已经为佩奇配音了11年。对于不懂变声技巧的人们来说，长大了并经历变声期后的 Harley Bird，如何继续演绎 4 岁的佩奇呢？

"如果让你回到 4 岁佩奇的状态，你还可以吗？"人们总是好奇地问。

Harley Bird 说："虽然要把一个 16 岁女孩的声音转换到 4 岁佩奇的状态，但是幸运的是，我已经习惯了，依然可以完成。"

"从 5 岁到现在，你是怎样表现出原汁原味的声音呢？"

Harley Bird 说："我可以控制声音，就是把我现在明显成熟的声音回到原来那样的状态。"

对于在实践过程中，已经积累了足够"一线"经验的 Harley Bird 来说，这已经形成了一种条件反射，无论是否能讲出变声理论，她给声音"减龄"的技巧，因为大量的练习和实践都已经形成了条件反射。甚至包含对大多数人来说很复杂的"猪哼鸣""佩奇笑"对她而言已经是习以为常了。这也是我们进行练习的目的，让自己的声音能建立起给声音"减龄"的条件反射，能做到在成熟和"未成年"之间自由切换。

　　Harley Bird 所说的"控制"，也就是我要和大家分享的技能：如何释放、拓宽和丰富自己的声音角色，掌握为声音减龄的"装扮"之术，关键是掌握"音高变化"。

　　女生的软萌音和男生的正太音都是很萌很可爱的声音，音调高低几乎持平，多见于可爱萝莉的声音和成人的娃娃音。这一类的声音适合为动画片、电视剧里的女童、男童角色等配音，同时也适合为广告对白中的儿童声音配音。比如《葫芦娃》《樱桃小丸子》《小猪佩琦》等呈现出的都是软萌音。

　　如果你的声音本身比较"幼稚"，说明你的声音年龄和孩子的声音非常贴近，这透露了一个信号，它十分吻合"幼稚型"的声音市场和产品。

　　为了让练习达到"商用级"的标准，让我们来详细总结一下童声的年龄和发声特点。

　　年龄范围：7～12岁

　　语调：萝莉音声音比较尖，音调比较高，很高调，一般是以实声为基础的。

　　语气：语气稚嫩，糅合一点儿港台腔。

　　语速：注意不要出现严重拖音，否则会变得很嗲。

　　不妨来"模仿"一下，一边阅读这段文字，一边扫码听示范，测试一下你的声音和孩子的声音到底有多像？

飞驰的暗礁 ▶▶▶

一八六六年发生了一桩怪事，其光怪离奇、匪夷所思，至今令人无法忘怀。这件事众说纷纭，不但海港居民和内陆公众中引起了轰动，而且对海员们的触动也尤为强烈。欧美的进出口商人、船长、船主、各国的海军将领以及这两大洲的各国政府都对此事给予了高度关注。

事实上，不久以前，有数艘船在海上都碰见了一个"庞然大物"，这是一个很长的纺锤形物体，有时还发出磷光，它比鲸鱼大得多，运动起来也快得多。关于这次神秘事件，许多航海日志的记录大致相同，比如这个物体或者说生物的形状巨大，它以难以置信的速度移动等等。如果这个物体是鲸类，那么它的体积大大超过了至今生物学家已经发现的鲸鱼。居维叶、拉塞佩德、迪梅里、卡特勒法热等博物学家异口同声地说，除非用他们的眼睛亲自看见过，否则是不会承认有这样一种生物存在的。

扫码听听看，我模仿童声，给孩子们讲故事

如果你读起来很贴近我的声音，恭喜你，你的声音可塑性很强，离"商用机"标准不远了，适合开拓童声产品的市场。

如果你录制时，发现自己的声音和童声的相似度还差那么一点儿，当你想要靠近孩子声音的高度时，出现了一个"障碍"，这个障碍就是当你想要再提高一些声音的音调高度时，声音不稳定，并且听起来就有点"假"。

有可能你在练习的过程中，努力想要用蛮力提高声音高度，但是你用尽力气后，发现还是提不上去，这是因为声音受到了自己的限制，如果不解除这个限制，声音就只能在比较低的区域徘徊，没有办法跨越到可爱软萌音的高度。

这些使出浑身力气也上不去的嗓音欠缺表现力部分是天生或意外导致的，除此之外，大部分人的声音都是可以通过正确练习得到改善的。

如果你希望自己能靠"稚嫩"的童声配音赚到钱，就算你天生的音色不错，也不能忽略练习，我们需要把声调稳定在声音高低分布柱状图最左栏的最高点。

也许你的心里会有一个疑惑，为什么需要通过练习来增强高音部分的稳定性？

这样做的目的是为了稳定你的"商业级"音高，从发声上来说，童声的发声位置较高，音调也较高，才能使声音听起来是明亮的，你很少听到儿童的声音黯淡、老沉，很多人之所以发出的童声不逼真，是因为高度不能持续稳定，声音听起来的感受就像一会儿成年人一会儿未成年人的声音。

没有经过专业声音训练的人，声音进入商业级的童声市场比较难，这些人并不知道有些声音特质需要经过定向练习才能形成，单纯靠日常说话的锻炼是无法形成的。比如，不是每个歌手都能唱出海豚音，因为很多歌手练习程度不够，方法不当。海豚音需要歌手能从声带与喉管之间的极小缝隙里吹出强大的气息，而发出极高的声音，它是至今为止人类发声频率的上限，很像吹哨子的感觉。

每个人的声音都会有先天的"不足"。这种不足主要是由于不熟悉带来的，要实现从小猪佩奇到老人声音的跨度，只需要在日常生活中，加强对它们的熟悉即可，方法就是用特定材料进行针对性的练习。

总结起来，练声步骤如下：

第一步，练气息，气息不足会导致童声模仿不逼真。

第二步，从低音一点一点上升，建立起童声音高的条件反射。

从本音开始，通过发"a"长音来找，慢慢抬高，多"a"几遍，直到找到声音高低分布柱状图最左边的发声点。一般爬至自己的最高音阶处，就能找到萝莉音。这样做的目的是为了稳定你的"商业级"音高，现实情况中，孩子声音的音调最高，听起来是明亮的，你很少听到孩子的声音是黯淡、老沉的。

一个人的声音怎样才能在不同音高间流畅、自然地切换呢？

从笔直的站立状态开始，发出"a"音，上半身慢慢向前弯曲，直到与地面平行，你会发现随着身体姿势的改变，"a"的声音落脚点逐渐开始升高。保持一段时间，听听声音升高之后的感觉，然后，身体的盆骨继续逐渐下移，你会发现声音会继续在此基础上，慢慢得越来越高。这就是利用身体姿态的改变，让我们的声音落脚点逐渐自然升高的过程。接下来再反向操作，将身体姿态逐渐恢复到笔直站立的状态。

通过这个循环的练习过程，你会体验到声音的高低走向和姿势的改变方向是相反的。声音练习完成之后，再试试将该练习重复一遍。

很多学员反馈："一直以为成年之后声音不能改变，学了才发现，原来自己的声音可塑性这么强!"关键点就是，对音高变化施加控制，用一个形象的比喻，就是科学地给自己的声音穿上不同高度的高跟鞋。

扫码听听看，日常的声音和模仿的童声

想要做成一件事就不能守株待兔，一定要不断去探索。为了让自己模仿童声发音更逼真，更有感染力，我一有时间，就在衣柜里练习。目的就是让声音适应穿上"高跟鞋"的新高度，以达到给声音"减龄"配出童声。

也许你练习时发现，慢慢抬高音调的过程中，抬到一定高度，就只能用假声代替了，有没有办法改变这样的情况呢？

扫码听听看，声音慢慢抬高时，你可能变成了这样的假声。

有一次，我练得实在太累了，就忍不住一连打了好几个哈欠。我相信你也有过类似的体验，开会、听课时间一长，就会忍不住打哈欠。打哈欠让我发现一个神奇的现象，喉咙不紧张了，提升音调更容易了，原本的阻碍感没了，原来打哈欠就有扫除头骨内发声"障碍"的效果。

这些体内阻力是由于我们平时说话太懒散，口腔内运动量不足所导致的。时间久了就会造成口腔肌肉松弛，头骨内发声通道阻塞。用打哈欠的方式解除阻力，既让日常练声更轻松，又能保持声音饱满，并没有因为太"高调"而让声音变得刺耳。我觉得非常开心，在付出了这些努力之后终于练成了贴近孩童般的声音。

除此之外，在练习录童声时，保持开心的情绪和表情也很重要。嘴角略微上抬，这个简单的动作，能消除声音里的消极音色。儿童角色的情感和成人角色相比，欢乐、积极、兴奋的部分居多，笑着说话更符合孩子的声音特点。成年人说话时已经习惯了嘴角下垂，不利于表达欢乐、积极的感情，因此，模仿童声时，要特别注意这个细节。

除了调整表情之外，改变形体状态，也能有助于对音高变化加以控制。有一次，我在衣柜里做练习，偶然发现了一种以形体改变带动音高改变的方法。每当我把头低下来说话时，声音就会转移到面部，这时我的下巴也会很低，当以这样的姿态来练习时，很贴近软萌音的声音形象——以实声为主，音调比较高，通过这个姿势就能轻松地提升音调高度。

获得了这个新体验后，我兴奋不已，乐此不疲地用这个姿态来"自言自语"，继续模仿更多儿童节目的声音，加上气息基本功的提高，之后再也没有因为扭曲声音过度而造成嗓音沙哑。我的耐力从只能连续配童声 30 分钟，提升到了 2 个小时。过去那种蛮干、无技巧的练习，虽然短时间内扩展了自己的高音域，但导致的结果就是，录音时间不长，嗓音一定会又干又痒。现在，不仅耐力得到了提升，还保持了轻松、饱满、动听的效果。请看这张动作示范图，我就是这样通过外力的导入，解除声音高音区阻力的（如图 2-5 所示）。

请注意，在加入台词时，一定要夸大字音的连续音。换句话说就是，把每个字发音的时间延长，让声音在空气中"飞"一会。这样做既能练习气息控制，又能练习音长控制，还能听听看自己是否有颤音，让音域得到稳定地扩展，这更接近于"商业级"的童声录音状态。

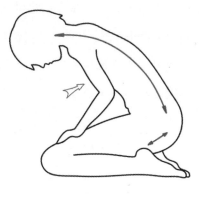

图 2-5

综合练习 ▶▶▶

静夜思

[唐] 李白

床前明月光，疑是地上霜。
举头望明月，低头思故乡。

春晓

[唐] 孟浩然

春眠不觉晓，处处闻啼鸟。
夜来风雨声，花落知多少。

扫码听听看，模仿用童声读唐诗，练习夸大字音。

　　加入台词的同时还要保持童声的高度，这个过程看起来很难，其实完成起来是有技巧的。过去我在模仿童声的时候不够自然，总感觉声音会有一点假，主要是因为高度上不去，而且高度还不能持续稳定达标，所以会出现"成年"和"未成年"的声音交替现象。偶然的一次机会我发现了一个规律：随着我的音调不断升高，我声音的支撑点也会向上移，直到这个支撑点落到了鼻腔的位置，发出的童声就能以假乱真。

　　从那之后，我就会经常在家里练习，不断地提高声音的落脚点，不久之后，我发现在我的声音里出现了越来越多的一些"陌生"的声音，而且能更稳定地运用这些声音。这些陌生的声音可以理解为，我一个人能"分裂"成两个人的声音。

扫码听听看，一人用声音分饰三个人。

　　因此，我笃定，如果希望自己的童声形象更丰富、逼真，既能表现出男童，又能表现出女童，就要不断测试声音在不同落脚点时的细微差别。在这个过程中，我加入了手部动作，用手势指引着提高声音落脚点，仿佛能触摸到它。有了手势的指引，提高和稳定声音落脚点的练习会变得更轻松（如图 2-6 所示）。

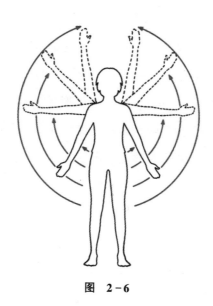

图 2-6

除此之外，你还需要一个"混合技巧"，如果想要给声音减龄并配出童声的感觉，让你的稚嫩感更加逼真，除了要达到音高变化柱状图最左边栏区域的最高音调位置之外，还有很多细致的技巧，我们还需要增强练习。因此接下来便是：

第三步，加重一些孩童的气息和稚嫩语气，当音调升高后，再结合一些孩童的天真语气很容易呈现出声音里的稚嫩感。

处在还没有变声阶段的孩子，男童和女童在幼年阶段的声音是很相似的，但如果录音的话，女性模仿童声比较有优势，因为男女生理构造不同，女性的声线本身比较细，发声的位置也比较高，容易接近孩子的声调高度，至今我还没见过有男性能把童声配得很好的例子。

女性的声音更容易带出孩童般可爱的气质，所以，童声的市场尤其适合女性模仿。但是女性读者们也要注意，男童声和女童声既有相同点也有不同点，要注意用声音体现男童和女童之间的细微差异。

当我从日常用声进阶到商业用声后，声音一开始让人感觉到有一些别扭，成年人模仿孩子，总是有一些造作的痕迹，和孩子的真情实感有一定的差距。

直到后来我通过更多地钻研和模仿，发现更逼真地模仿童声是有窍门的。不管男童还是女童，一般听到的声音都有这些共性：呆萌、单纯、嗓子尖。为了达到这样的声音效果，我们在录制时需要投入对应的扮演情绪：呆萌（把嘴形变圆）、单纯（语气有很多童真）、尖（让自己声音更高调）。

男童声的语气不仅要保持稚嫩感，还要在女童声的基础上让嗓子变粗，加上刚硬、活力的感觉，甚至会比女童声有更多一些的鼻音。

扫码听听看，生活中男、女童声的区别。

除了注意男童声和女童声之间的细微差异之外，还要注意小孩子在变声之前，气息必定会很短且语气稚嫩。所以模仿童声的时候语速要注意不要拖音，否则就会听起来太嗲，动画片《葫芦娃》里蛇精的声音就是拖音，而葫芦娃的声音是不拖音。

读到这里，我相信你已经在一边阅读一边练习的过程中，已经懂得了如何通过控制音高变化，学会了给声音减龄和录出童声的技巧。但我们的学习和塑造还不能止步，还需要观察生活中更多的真实情境，在大脑里增加更多模仿的素材，以便在演绎时随时取用。

动画片《樱桃小丸子》综合练习资料 ▶▶▶

最可气的是这盆丝瓜。哎，全班只有我种得这么难看，还没完没了往上爬。其实我根本就没怎么理它，居然还没有死。

我的日记只写到 8 月 3 号……现在已经是 31 号了。

总要给大人一点面子。

脾气不能不发，宁可丢坏书本，不能憋坏身体！

春游开不开心，车上的座位最关键啦。

与其过别人的节，不如睡自己的觉。

为什么连感冒病毒也不愿意理我？

我以为夏天还早着呢！怪不得压岁钱都花光了。

我一直以为牛郎这个男人，是个对女孩子完全没有感觉的人，所以只有织女这么一个女友。

说"芝麻开门"也不行的！这个童话不知会让多少小孩子上当！

　　孩子的语气和成年人的语气，有很大的不同。成年人之间的语气也不一样，因为不同人声的语气完全不同。对于有孩子的女性而言优势会比较明显，因为她们经常跟孩子交流，不自觉会模仿孩子在日常表达时候的一些声音语气。即便在商业用声时我们的语气一定要结合真实的生活，在真实场景上面去放大并释放表现力，而不是一个假的演绎。观察的方向就是多去倾听孩子的音量、音调和语气。

　　可以去找些各个年龄段的萝莉音来模仿，比如 5 岁、10岁、12 岁等，或者用萝莉音翻唱一些歌曲。

　　另外，如果声音、气质和日常体验差距太大，就尽量不要模仿了，否则会很尴尬。例如，鲁迅先生对《二十四孝》里"老莱娱亲"的故事进行了剖析，这是一个老头装作小孩子故意摔倒，用童声啼哭，来让比自己更年老的父母开心的故事。鲁迅找了好几个版本的故事来对照，仍然觉得老头的声音和表演并不符合孩子的特征，而且孩子在跌倒和啼哭这种事情上是不会骗人的，所以这样做会"辱没了孩子"，把肉麻当作无趣，会让世人感觉不舒服。

扫码听听看，真的童声和模仿的童声。

在你拉高音调的过程中，你会感受到嗓音听起来更细、更尖，声音就变得越来越稚嫩了。这时不要忘记注意这两点：

第一，加重一些孩童的稚嫩语气，一般来说，男童会比女童有更多一些的鼻音。

第二，语调、语速也要注意。小孩子在变声之前，气息必定不成熟，气息会很短，声音不可能拉得很长，所以发萝莉音的时候，要把嘴形变圆、出气变小、嗓子变尖、语气变稚嫩、字音变短。

综合练习，下面这段台词里小女孩情绪的变化是由活泼到担忧的。

综合练习材料 ▶▶▶

小女孩：妈妈，你说你以前养过蝴蝶，那蝴蝶要睡觉吗？

妈妈：要啊，它们早早地起来，天还没黑就会睡呢，如果睡觉被惊醒，它们会变得笨笨的，不知道自己在什么地方。

小女孩：那蝴蝶会喝水会吃饭吗？

妈妈：会的，大部分都只吃蔬菜，而且很喜欢喝水。

小女孩：那蝴蝶会不会生病？它们受伤了怎么办？

妈妈：蝴蝶也会生病的，如果病了，就再也不会起来。如果受伤，伤疤就会一直留在身上，直到死去……

要点10：女人味的御姐音，适合的声音产品

——认识声音的物理属性：声音强弱

我的练习绩效点9：找到和稳定御姐音的声音高度

创造性练声工具：从低音到高音通过发"a"长音来找到发声点

我的练习绩效点10：用气息淡化实声，让声音更温柔

创造性练声工具：气息淡化法

我的练习绩效点11：对语速的精准控制

创造性练声工具：声断气连的测速练习

我的练习绩效点12：寻找对话里的温度计

创造性的练声工具：世界上最昂贵的5个音响

在前面的第8个要点里，我和大家分享了找到自己最自然状态下的声音高度后，我们便可以开始寻找和对标适合的声音产品和应用市场了。为了让练习见效更快，我们先来详细梳理一下御

姐音的声音特征。

年龄范围：24~30岁

发声特点：声音高度是在音高柱状变化图左边第三栏，一般来说，在比较低的地方能找到御姐音；语速要不紧不慢，声音比较稳，很少一惊一乍。

应用场景：追剧时，你一定听过古装剧里面很多女主角的声音，仔细回忆一下这种微微一笑的时候充满韵味的声音带给你的感受，是不是传递了一种成熟的、冷静的、理智的、有魅力又高贵的气质？除此之外，电台主播、言情剧、情感节目等都会选用这类很有女人味的声音。如果你的声音形象比较贴近于女人味的御姐音，那么你的"声"路其实挺广。

虽然你天生拥有御姐音，但是用自己日常声音说话和用有技巧的商业发声去影响听众，这完全是两码事。当我决定要对自己的声音形象进行训练，为自己的声音赋予更高价值的时候，就开始仔细地研究起各种公众人物的声音形象，结果发现，原来我们熟悉的公众人物几乎都有过"改造"自己声音的经历。她们和所有的女性一样，都期盼拥有女人味十足的优雅性感声音。

当自己在模仿成熟女声时，我也曾受困于细节表现不到位。一个制作纪录片的客户认为我的声音温暖度不够，对"柔和"的表现有点矫揉造作，时不时还透露出幼稚音，欠缺成熟、权威、睿智的感觉。因此我最初的录音仅仅局限于童声市场，无法开拓更多变现的"声"路。

如今的有声市场，因为互联网的兴起而被大大拓宽，需要的声音类型越来越丰富。而以往的声音市场仅仅是在传统的电台、电视台以及一些音像出版社，所以之前的童声市场"声"路其实是很窄的，这从儿童节目在所有电视节目的播放比例中就可以看出来。所以如果我想要有更宽的"声"路，就必须要把自己成熟型的声音练出来。

这个烦恼没有困扰我多久便有了改善，原因就是我从一些成功的案例里找到了动力。

提到女人味的御姐音，我脑海中想起来的第一个声音形象，就是玛丽莲·梦露。很少有人知道梦露与声音的故事。玛丽莲·梦露被认为是性感女人的代名词，但她过去的声音却并不性感，而是一种小女孩的可爱音，在电影中这种声音无法取得很好的效果。有人告诉她，要把声音放低沉，发出伴有喘息音的低沉之声。初涉银幕的梦露，在不断的失误和磨炼中，渐渐学会了如何用声音提升自己的魔力。

她说："我没有想过自己会是个一流的女演员，我知道自己的实力在哪，我并不是天生好手。可是，天啊！我是如此渴望学习，如此想要改变，如此追求进步！"

"整个演出过程中，我能感受你是一个激情难抑的女人……不管你做什么，说什么，都能散发出这种激情的召唤。"

演出结束后，挑剔的评论界人员如此说。

自此，梦露的性感发声便成为人们记忆中最深刻的声音形象。她的声音散发出让人无法抵挡的魔力，偶尔还会透出那种天真烂漫小女孩的感觉，这种融合了成熟与纯情的声音形象最终成为她表演魔力的一部分。

实际上，梦露投入了大量的时间来研习让自己更有魅力的技巧，她的声音、步态、面容、表情……都是经过训练形成，但又是由内而外散发出来的魅力，并非是戴着面具示人。

记得有一次我在郑州演讲，结束后有一位听众问我："珊珊老师，这些技巧用于平时说话，会不会让人觉得有一种不真诚、不坦诚的欺骗之感呢?"

我的回答是：当然不会，如果人在行走时没有一定的体态，整个人就会显得很随性，没有精神和气质。声音里的姿态和我们的体态是一样的，它需要有变化、有摆动，而这些变化和摆动就是需要练习的。

我们能看得见体态并愿意花时间去美化观感，对于看不见的声音却都忽略了。"音容笑貌"造词时已经意识到音、容、笑、貌的先后顺序，但在实际使用的层面上，我们完全淡忘了声音的影响力。

想要声音产生影响力，得把自己的声音想象成让别人"看得见"的动作。你会发现，我们对声音地操纵正如对身体的摆动一样，需要让它富有变化，才能让自己的声音形象时时刻刻都洋溢着个性的魅力。

梦露经过长期训练，已经能像摆动身躯一样操纵自己的声音，让自己无时无刻不焕发着夺目而传奇的光彩。梦露在她出演的电影中都是在三种极具女人味的声音形象之间切换：欢快的少女、性感的女神、阳光的姐姐。

你也可以自己体验一下，这三种充满女人味的声音形象中，自己最贴近哪一种风格？

扫码听听看，欢快的少女、性感的女神和阳光的姐姐。

找到女人味御姐音的显著特征，以及适合它们的声音产品之后，我们需要做的就是通过特定的练习，以此来增强声音的表现力，让自己的声音形象达到商业级标准。

接下来，我们通过加强练习让声音能达到商业级用声的水准。当然，练习是一个循序渐进的过程，同时牢记声音练习第一条"军规"：想要声音有表现力，就不能让气息散了，气息和声音始终是融为一体的。

职场中，遇到公开发言的场合，你努力想要展现自己沉稳的一面，内心里不断提醒自己："压低声音试试，我的声音声调比较高，天然会给人焦虑感……"你虽然用力压低了声音，可能只能改善一小会儿，却坚持不了太久。

这个临场反应和前面"找到和稳定御姐音的声音高度"练习类似，训练目的就是为了让自己能熟悉新的发声高度，在达到稳定控制声音之前，许多人都会经历"不能持久"这个状态，我把它称为阵痛期。压低声音时，声音总是忍不住颤动，这是因为：第一，气息支撑不够；第二，还没有确定要把声音"低"到哪个位置。

这个专项训练的目的，是为了激活较低位置的音高灵活度和稳定性，经历一段时间的反复训练后，就会趋于稳定，随着自己越来越熟悉新的发声音高，你身体内的"隐藏"按钮被启动了。水深则流缓，语迟则人贵，适应这种状态后，你会感觉很棒，觉得自己的声音品质不一样了。如果你在做自然升降练习时有些困难，还可以借助外力（如图2-7所示）。

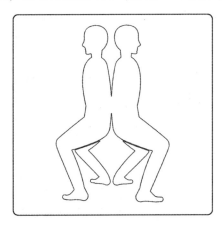

图　2-7

线下课程中，这个动作练习是被很多同学证明效果是最明显的，可以找搭档一起，如果没有搭档，那就找一面墙，把它想象成人的后背，背部紧靠着像蹲马步一样蹲下去。做好动作后再说话，声音就有根了，你会感觉发声时，丹田（肚脐眼下两根手指的位置）在发力。

在"欢快的少女""性感的女神""阳光的姐姐"三种女人味十足的声音形象中，如果你的声音风格比较贴近"性感的女神"，那么情感类主播比较适合你。

人们容易对于某一类人或事物产生比较固定的看法，我们认识一个新人的时候，就会将她和这些固定的看法一一对应起来。我们需要去适应大众对声音形象的归类，而不是抗拒它。这些既定的形象反映了大脑对大量复杂信息进行简化处理加工的功能。比如"幼稚"让人联想到"嘟嘟嘴扮可爱"；"网红"让人联想到"锥子脸"。同样的，听众对情感类的主播总是有一种固化的印象，比如会想到舒缓伤感的背景音乐，配上主播柔和、孱弱的声音和如细雨般敲打心灵的文字等等。

互联网音频电台这样的传播媒介的确很适合情感类主播，他们做的事情是"用声音传递关爱"，听众在这里获得情感的慰藉，感受自己的内心，了解与人相处的经验。

因此，人们对情感类主播使用声音的印象是"固化"的：

第一，让声音柔和，测测你的常用音量。

第二，让语速舒适，放慢语速而不矫揉造作。

第三，让声音有温度，冷冰冰的声音和求安慰的听众需求可不搭调。

接下来，我将结合一些实例，详细讲解：

第一步，让声音柔和。

一个人的音量如果太大，说话就像播放着摇滚乐一样震耳欲聋，一旦养成习惯，就很难学会"收音"，要改善这种情况其实并不难。想要更有情感主播的声音特质，就要学会适当的控制音量，让声音显得更柔情、更温和。母婴用品的电视广告中要体现出妈妈对孩子的呵护感，几乎都会选择这类柔情温和的声音形象。

柔和的标准就是听你说话就像听一首轻音乐或者抒情歌曲，给听众治愈的感觉。只要让听众在你的声音里听到一些呼吸时的气息声，这种温暖治愈感就出来了。这种感觉就像你轻微叹口气。比如邓丽君的声音就比较有代表性，她在接受采访的时候如果仔细听，你会在她第一句话就能听到，她会先让气息从嘴里出来，然后声音跟着气息做交叉的搭配，让我们可以听到声音里有气息，气息里有声音，邓丽君的声音是让听众觉得最柔和的女人味声音代表并且非常治愈人。

柔和不等于矫揉造作，说话时注意多回听自己的声音即可。

所以要注意，有些情感主播容易陷入一种误区：体现柔和时用力过猛，就导致温暖治愈变成了矫揉造作。在这里，我建议大家可以多多回听自己录过的节目，如果有时连自己都听不下去，可能就需要做出改变了。

柔和的声音一定是懂得自控的声音，特别是控制音量。

第二步，让语速舒适。

在电影《唐伯虎点秋香》中，石榴姐和秋香的声音高度其实都相差不大，但是一个呈现出温婉，一个呈现出聒噪。因为石榴姐平时说话的声音速度就比秋香快很多，发声时速度没控制好，声调很容易越来越高。加上她情绪起伏大，御姐音的路子不小心走弯了。所以，我们要注意控制好语速，说话太快容易形成一种聒噪的感觉，声音气质瞬间就变了。

对于先天声音条件不是特别好的情感类主播，在放慢语速时，要做到不矫揉造作，更需要多加练习，否则极易带来不自然、停顿过多的感觉，导致听众的注意力被分散。这需要在语速上与节目内容相磨合，在做到声音柔和之后，再做到吐词连贯，不要让声音忽快忽慢，语速稳定代表情绪稳定，听起来就会比较舒适。

放慢语速是一种从容的状态，并不是拖词和停顿过长。大部分情感类节目的收听时间是闲暇时光、通勤时间以及入睡时段，整个人处于需要放松的情绪状态里。主播特别需要共情能力，要想象自己在同样的状态下想听到什么样的节目内容，希望节目呈现出什么样的状态，做到换位思考才能让节目更吸引人。

第三步，让声音有温度。

注意观察你生活里的声音，与人沟通时、撒娇时、示弱时的声音是怎样的。配音演员在工作时，听众虽然无法通过镜头看到她们，但为了增强声音里的女人味，也会尽可能地把眼神、表情、肢体和语气、声音结合起来，御姐音是一个组合体。

我们要表达自己内心情感的时候，声音和很多因素相关，比如如何看待身边的事物、如何理解生活、对抗的态度还是和谐的态度等，这些都会透过声音表达出来。

生活中，如果你常接触那些让你安静下来的事物和环境，那么你的声音也会变得柔软温暖，否则长期在快节奏的环境中，就无法敏锐地感知那些细微的情感。作为情感类主播，即使用很高超的声音技巧去掩饰经验的缺失，也会听起来不够真诚。

如果你希望展现自己的这些特质，不妨试试用这些台词带出你情感中的柔和、关爱的特质，比如："如果能早点遇见你，就好了""真正的富有，是你脸上的笑容"。

配音演员每天都面临大量的录音工作，因此会建立一种快速的反应，他们能够将人体的五个音响运用自如，切换出不同人物的声音形象。你可以理解为一台录放机，用手指按一个按钮就能快速切换声音的模式。这种反应是没有经过强化训练的人不具备的。

综合练习材料 ▶▶▶

皇家最要紧的是要开枝散叶，绵延子嗣，才能江山万年，代代有人。(太后)

平分春色总胜于一枝独秀。(太后想选个新人进来分华妃的恩宠)

信女虽不比男子可以建功立业，也不愿轻易辜负了自己。若要嫁人，一定要嫁于这世间上最好的男儿，和他结成连理，白首到老，但求菩萨保佑。(甄嬛)

臣妾虽为皇后，也是皇上的妻子，身为人妻，侍奉夫君，怎么会觉得累呢。(皇后)

不偏爱，懂节制，方得长久。(皇后)

嬛嬛一袅楚宫腰，那更春来玉减香消。紫禁城的风水养人，必不会叫你玉减香消。(皇上)

我知道你不是有心的，可是老天爷有心啊，他不忍叫你明珠暗投。(沈眉庄)

活着的时候用不到，那死后的颜面，都是留给活人看的。(端妃)

若无完全把握获得皇上恩宠，你可一定要韬光养晦，收敛锋芒；为父不指望你日后大富大贵，能宠冠六宫，但愿我的掌上明珠，能舒心快乐，平安终老。(甄远道)

让她住承乾宫，想让她独承乾坤恩露吗？(华妃)

最要紧的还是子嗣，实在没有皇子，公主也好，否则一辈子无所依靠。(芳若)

容奴才回禀，正殿两边啊，是东西配殿，后边是寝殿，寝殿后边有一小花园，南边啊是饮绿轩，供夏天避暑的住所，因为这后边有梨花，开花的时候特别好看，所以叫做碎玉轩。(康禄海)

今后，你们便是我的人了，在我名下当差伶俐自然是好，但我更看重忠心二字。(莞常在)

劝君莫惜金缕衣，劝君惜取少年时。(安答应)

永远二字，说来简单，若真做起来只怕是很难了。(莞常在)

要点11：沧桑的妈妈音（老年音），适合的声音产品

——认识声音的物理属性：声音长短

我的练习绩效点 13：找到和稳定妈妈音（老年音）的声音高度

创造性练声工具：通过发"ɑ"长音来找更低的发声点

我的练习绩效点 14：模仿老年人的气息、声音快慢、声线粗细

创造性练声工具：气息前稳而后弱，收起声音的时候要弱

当你掌握了声音落脚点的高低变化后，要练出沧桑的妈妈音（老年音）就不难了，因为这只需要你继续下降声音的落脚点，让声音音调变得更低。

在妈妈音（老年音）里面，我们除了要找到最适合的一个发声位置的高低之外，还有一点就是要关注声音的另外一个属性：音长。关于音长，你是习惯了快人快语，还是喜欢拖长了声音说？

注意观察一下身边人说话时，声音有忽快忽慢、快慢错位这种现象吗？想要录音录出老年人的感觉，就要注意去观察和倾听老年人说话时声音的快慢状态。怎样给声音增龄，录出老年人的感觉呢？

模仿是最快的练习，针对每一个你希望进入的声音领域，希望打开的"声路"，你都可以找到想要模仿的一个声音对象。先从模仿找到自己哪里不足，然后去应用我说的这些方法，分析声音里的要素，搞清楚自己模仿得不够像的原因，再来慢慢练习缩小其中的差距。

最初模仿妈妈音（老年音）的时候，对我来说太有挑战了，因为我的声音比较稚嫩，模仿童声比较轻松，这也是我选择童声市场作为声音"福地"的原因。沧桑的妈妈音（老年音）要把音高降得很低，在提高和降低音高两个方向，降低音高对我而言难度更大，从小猪佩奇转换到一个老太太的声音，这个跨度太大了。

这时，我又继续套用过去的成功经验——模仿是最快的学习。我找了很多妈妈音（老年音）的材料来学习，仔细琢磨这些声音，甚至模仿过相关的广告。后来在影视剧里，我找到了一部妈妈音（老年音）较多的历史剧，就是我经常在各种演讲场合和大家分享的《大明宫词》，这部剧成为了我反复模仿的对象，《大明宫词》的旁白几乎都是老年时的太平公主的叙述，是非常适合的练习材料。

我模仿童声的时候，因为孩子们说话时的声音总是带着欢欣雀跃的感觉，所以我需要把情绪调整到很兴奋的状态，人在兴奋时的语速通常都是比较快的。如果你在现实生活中去倾听孩子的声音和老年人的声音，你会发现一个巨大的区别就是在于声音的语速。

沧桑的妈妈音（老年音）给听众的第一感觉就是历经沧桑。当我在模仿老年女声的时候最先找到的区别就是我的声音语速和旁白声音语速的区别：没有那种"沧桑"感。我们从经验上早已有这种意识，比如当我们和年长的人说话时，都会自然地放慢自己的语速，之所以形成这样的条件反射是因为想配合老年人的心理和生理特征。人到了一定年龄都会更加的稳重、平和，这一点也体现在他们的语言速度上。而我们出于对年长者的尊重，也会按捺住内心的雀跃或焦躁，自我约束以便让年长者更舒适。

对于语速快慢，我们每个人都很容易感知。但对于专业人士而言，还会用另外一个专业的词语来对它进行分析，这就是声音领域当中，我们称其为"音长"的要素。

老年人的音长比较长，孩子的音长比较短。所谓音长，就是每一个字音的长度。

扫码听听，老年人和孩子声音的音长对比

你一定发现了，老年人的发音里面，声音速度比较慢，每一个字的音长比较长，而孩子正相反。

人的声音不可能永远保持年轻，声带和皮肤一样也会松弛和衰老，有的时候妈妈音（老年音）竟然是声带"坏了"的女生的声音来配音的。

为了让我们的练习见效更快，我们先来详细梳理一下老年音的特征。

年龄范围：50 岁左右

发声特点：气息不够是妈妈音（老年音）最大的特点，因为声带也随之衰老，所以我们要把声音放得更慢，同时没以前更有磁性了，有时比较沙哑，声音听起来不立体。

形成原因：声带经过长年的磨损变得沙哑、苍老。

当梳理清楚沧桑的妈妈音（老年音）的特点后，接着就可以运用练习绩效点中的方法，开始针对这个特点做针对性的练习了。

综合练习资料：下面这段是《大明宫词》里最后一集太平

公主的独白，大家可以去听完原版后模仿一下。模仿老年音要
适当，因为模仿沙哑松弛的声音容易损害嗓子。

> 我在离开这个世界之前始终在考虑，
>
> 我为什么要选择死亡？
>
> 难道这仅仅是为了让我的侄儿能顺利登基，
>
> 而扫清道义以及情感上的负担？
>
> 雨停的时候我找到了答案，
>
> 我意识到，
>
> 其实对死亡的渴望一直是我的一种向往。
>
> 我太了解这个世界的规律，
>
> 因此它在我眼里完全丧失了美感！
>
> 我怀抱着出生时的激情步入另外一个世界，
>
> 我凭直觉感到那是一个更优美的所在……
>
> 我的死亡像我的出生那样，
>
> 终止了长安城漫天的淫雨，
>
> 并且又一次为大唐带来了太平。

要点12：青涩的青年音，适合的声音产品

——认识声音的物理属性：音色（明亮）

我的练习绩效点15：声音的明亮色彩练习

创造性的练声工具：掌握内在情感和外在声音表现形式的对应规律

声音色彩是感情色彩的外部体现，声音色彩和感情色彩有紧密的对应关系。人在心情愉快时声音是明亮的，而在郁郁寡欢时声音是黯淡的。因此，如果你希望声音里展现出明亮的色彩，可以首先回忆那些让你开心、兴奋的情境和画面，借此带动声音色彩的变化。最简单的声音运用术就是面带微笑、语速微快一些、声音阶梯逐渐升高，便能释放出明亮的声音色彩。

很多家庭的孩子，都曾经遭遇过来自变声期烦恼的暴击。被变声期的孩子们视为当下第一大烦恼——为什么我的声音依然这么幼稚？甚至闹

出了不少笑话。处在变声期的男生，不乏遭遇过这类烦恼："18
岁的声音听起来依然很幼稚很女性，曾经帮我兄弟打电话给他
爸爸，他爸爸居然以为我是他的女朋友。"有人甚至已经是高
中生了，声音听起来却和小学生差不多。

　　青春期是重要的生理变化时期，声音里的性别感主要是在变声
期后，变声期前的孩子，声音听起来差别不大。孩子一般在初中前
后，就进入了变声期。处于变声期的孩子，说话时声音容易沙哑，
自己会觉得特别难听，所以迫切地希望蜕变为更好听、更成熟的声
音形象，当然也有盼望快些长大的心里诉求。这种变化的呈现，主
要体现在嗓音出现暗淡、粗糙、沙哑、走音、不能自控等现象，这
是一个人由儿童嗓音转为成年嗓音过程中的生理变化时期，是人的
发声器官迅速发育的阶段，同时也是进入"青春期"的标志。变声
期结束后，我们就会听到和过去截然不同的成熟音了。

扫码听听看，孩子变声期前后的声音变化。

　　孩子们变声期最大的愿望，就是希望自己能尽早跨越这种
比较单一的儿童音，让声音呈现出更有魅力、更成熟丰富的层
次。一般 16 到 19 岁的男性，声音变化就基本完成了。如果仔
细听，你会发现变声期结束后，少年和成年男性声音的区别不

大，声带发育前和发育后的区别就在于声音音色的变化。

当进入了成年，也就进入了一个色彩缤纷的声音世界，不同的色彩彰显着青年们独特的气质和情怀。它们有的高贵典雅，有的纯洁如玉，还有的苍劲有力，更有的深沉厚重……这些声音的颜色看不见摸不着，但只要用心去听，都能实实在在感觉到声音颜色的存在。

说到声音色彩，人们常常根据个人感觉，概括为明亮、沉闷、宽厚、纤细等。

声音的色彩到底从何而来？换句话说，两个人的声音音质听起来都差不多，但是你却能感受到这两个人有不同的气质和情怀、性格，为什么会有这种不同的感受呢？这是因为他们内在的情感不一样，换句话说就是声音的色彩和你内在的情感是密不可分的。

青年的情感是热烈的、多变的，而大叔的情感更多的是收敛的、深沉的。所以，把握住这个内在的规律，我们才能够非常清晰准确地去展现声音色彩的变化。你甚至可以说声音的色彩就是你内心感情的色彩，它是你内心感情的外部体现。

因此在录音时，我们就必须要清楚捕捉到人物感情的变化，人的感情不可能是处于一种空洞、僵硬、没有活力的状态，这样我们一定会认为这是一个极其乏味的人，这个录音作品的声音也是一个极其乏味的声音，观众不会被感染和带动。

青涩的青年音中，青涩代表一种明亮的颜色。青涩原指果实尚未成熟，现在多用来形容人不成熟，同时也形容人未经历世事，简单纯洁的样子。这样的声音通常出现于阳光、青春的影视角色中，也出现在动画片中，还出现在快消品广告中。

扫码听听看，不同内在情感对应的声音色彩。

　　在声音的商业级市场中，有许多广告顾客非常喜欢这类青年声音。其中快消品广告之所以最喜欢选择青年音，是因为商家产品的主要消费者就是年轻群体，所以需要靠近年轻群体的特征，连声音也不会放过。

　　有一次我在朋友圈发了一段文字："开车的时候，我喜欢把导航声音设置成童声，这样即使导航错误，我也不会那么生气，毕竟它还只是个孩子。"朋友们立刻在我的朋友圈纷纷留言，大部分女性朋友们说："开车的时候，我喜欢把导航声音设置成杨洋，这样即使导航错误，我也不会那么生气，毕竟他阳光的声音听起来就像初恋。"

　　每一次接到广告客户的试音邀约，我一定会问听众是谁，因为我会根据听众的群体形象，来把握这类听众的内在情感，把握住客户需要的感觉，这样就能提高声音的通过率。

　　为了运用好声音的色彩并展现好，练习是必不可少的，这样才能建立起快速的条件反射和联系。我们的练习一定要坚持从理解感受入手，使用"以情带声""以声传情"的正确配音方法。

要点13：成熟的大叔音，适合的声音产品

——认识声音的物理属性：音色（忧郁）

我的练习绩效点16：找到和稳定大叔音的声音高度

创造性练声工具：可以通过发长音来找，从高音到低音，再到更低音，多"a"几遍，直到找到那个发声点。

我的练习绩效点17：声音的忧郁色彩练习

创造性的练声工具：心中装有对象感，多种音色切换自如，声音效果立刻见效。

人们郁郁寡欢时的声音色彩，几乎都是忧郁黯淡的。因此，可以借助想象一些诗意、平静的画面，带动声音的转变。最简单的声音运用术就是语速放慢、声音阶梯逐渐降低至胸腔，便能传递出忧郁的声音色彩。

每天我们都生活在色彩缤纷的声音世界里，比如当你听到可爱幼稚的童声时，你会想到嫩芽仿佛在破土而出；当你听到了柔和温婉的少女声

时，你会想到初夏湛蓝的天空；当你听到一个青年朝气蓬勃的声音时，你一定会想到燃烧的火焰；当你听到平和的老者循循善诱时，你会想到落下的夕阳。

如果说青涩的青年音的色彩是明媚的黄色，那么成熟的大叔音的色彩就是一种忧郁的深蓝色。

扫码听听看，青年音和大叔音的声音色彩对比。

以上这段对话里，两个人物声音色彩对比就是明亮和忧郁的对比。当你听到男音里面比较明亮的那个，你一定会联想他的性格应该很阳光。而当你听到比较暗淡的那个，应该会联想这个人是郁郁寡欢的。

不妨来读一读这段《无间道》电影中的对白，尝试用声音演绎出来这种成熟、忧郁的深蓝色。

扫码听听看，声音色彩忧郁的电影《无间道》。

刘建明：挺利索的。

陈永仁：我也读过警校。

刘建明：你们这些卧底真有意思，老在天台见面。

陈永仁：我不像你，我光明正大。

陈永仁：我要的东西呢？

刘建明：我要的你都未必带来。

陈永仁：哼，什么意思，你上来晒太阳的啊。

刘建明：给我个机会。

陈永仁：怎么给你机会。

刘建明：我以前没得选择，现在我想做一个好人。

陈永仁：好，跟法官说，看他让不让你做好人。

刘建明：那就是要我死。

陈永仁：对不起，我是警察。

刘建明：谁知道。

当我们在看一些穿越剧的时候，剧情中主角穿越到未来，你会发现少年变成了大叔，这时会出现一个少年音到大叔音的切换。大叔音在帝王剧、历史剧中出现的频率特别高，比如电视剧《康熙王朝》，少年康熙的声音更多的是"青年音"，因为少不更事、青春洋溢，还没有蜕变出帝王般的稳重。中年康熙的声音渐渐多了忧郁、稳重的色彩。陈道明扮演的帝王的声音形象就是大叔音。

　　"大叔"们的发音比较低，有一种天然的低音炮特征，这样的声音特征也出现在电台男主播口中，很有磁性。

　　如果你是一位平时说话声音偏尖的男士，需要一些外力的导入，才能快速降低声音，你可以通过改变身体的姿态来找到更低的发声位置（如图 2 - 8 所示）。

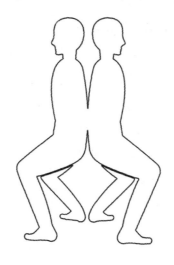

图　2 - 8

　　找到这个发声高度之后用手机录制下来，你会发现这个发声高度的声音几乎都是忧郁色彩的，但是在寻找发声高度的过程中，我们还要体现出它的丰富层次，能感觉到它的变化。

　　刚开始练习声音的人，特别是做声音的色彩对比练习时，就好像学生读课文，毫无感情色彩。这是缺失对象感的典型表现。

　　让声音有色彩的技巧是心中要有情感，内心的情感反应就是与你互动对象的情感反应，因此心中一定要有人。给声音加上色彩的过程，就是你和面前这个想象的人即你的对象进行交流的过程。

　　当你在读一篇稿件时，是不是常常感觉你在和听众交流呢？虽然配音是你一个人独立完成的，但是心中一定要有这个人，这就是对象感。想象得越具体，效果越好。"宝贝儿，该睡觉了。"就是具体到睡觉前的这个情境。

　　拥有对象感的方法你学会了吗？牢牢掌握这项技能能让你的声音瞬间体现出不同的色彩，抓住听众的心。

以前我没机会，

现在我想做个好人。

咔！

第三章　找到你的声音市场

——用声音赚钱的商业模式

　　洞悉为声音付费的秘密，乘着行业的风口顺势而为。从本质上讲，商业模式是一种"变现"方式。每个人都需要获得自己的经济收入，其中最重要的是找到商业模式，建立自己的变现方式。声音是文化产品的"零部件"，和我们购买的商品一样，它有切切实实的运行方式。把声音用于"自用"和"售卖给他人用"是两种不同的运行系统，为声音付费的市场由买方和卖方组成，这些交易形成了几种主要的市场：广告、宣传片、纪录片市场，动画片市场，影视剧市场，有声书、广播剧市场，资讯及电台栏目市场，在线教育市场，"声音变现"就是由这些市场里的所有交易构成。这是一个音频应用场景爆发的年代，以下方法可以帮助你找到市场中适合自己的"卖点"，顺势而为并掌控登上"塔尖"的机会。

要点14：只要一千元，开启你的声音事业

要点15：成功的声音产品解析

要点16：成为一听倾心的故事大王

要点17：你也可以成为新媒体主播

要点18：有声书市场有多大？

要点19：互联网众包之声音任务

要点20：广告与影视配音

要点21：成为一个播客

要点22：打造专业的网络有声节目

要点23：洞悉声音付费的本质，打造持续营收模式

要点24：持续问自己，能为听众解决什么问题？

要点 14：只要一千元，开启你的声音事业

开启声音事业前的灵魂三连问

——兼职还是全职？投入成本？客户资源？

人们开始创业时，心底一般会有三个疑虑，如果被这些疑虑束手束脚，会导致行动推迟，内驱力耗尽，最终驻足不前。

用自己的声音创业，要辞职吗？

搭建自己的录音环境、购买专业设备需要多少钱？

找不到客户怎么办？

回想起来，我在创业初期，同样遇到过这些问题，一开始也很焦虑和纠结。在万物互联的时代，每个人都有多重角色，内容创业的本质是让个体享受技能和兴趣的红利，每一种技能和兴趣都在创造价值，而内容创业就是帮助你用自己最感兴趣的，同时也是自己最擅长的技能，实现财务增收，甚至财务自由。

　　刚开始的时候我并没有认识到这些，只想努力解除当时的"窘迫"：我带到上海的钱所剩无几，如果再没有收入，就只能回老家了。所以我只能用扣除生活必需后所剩不多的"预算"来添置设备，我也必须尽快地找到客户并交付作品，从而迅速地拿到钱。

　　一切都必须简单高效，这就是我当时的想法，也形成了我日后解决问题的一个思路：那就是简化原则、要事第一。先用极简的方式思考并行动一轮，先获取一个基本的结果，然后再逐渐考虑如何改善。

　　我认识这样一些朋友，因为高效的阅读能力受邀成为"拆书"人、讲书人，凭借自己对读书的热爱和积累多年的知识储备，用自己的业余时间为各种平台解读书籍，有的还成为知名讲书人且获益颇丰。

　　有的讲书人告诉我他们可以退休了，因为这些内容已经成为平台的"优质节目"，就算不再做其他事情，也能持续地获得收入。与此同时，这些优质内容还在短时间内积累了大量粉丝，让这些讲书人成了平台的品牌大使。这样的情况下是否需要辞职创业，对于他们来说，已经不是什么艰难选择了。

　　成功的知识付费商业模式基本上都符合这样的特征：产生稳定的收入，让人有创作的满足感，同时并不会让人感觉疲惫不堪。这样的情况下，如果兴趣浓厚，已有的这方面收入也较为稳定，那么你可以选择辞职创业。如果兴趣不恒定，相关收人也不是很稳定，那么选择兼职工作，在朝九晚五之外，享受为自己工作的乐趣，也是不错的。

在你认清兴趣和知识可以带来价值之后，准备开始录制自己的声音节目时，就会面临第二个问题："建造自己的录音环境，需要花多少钱？购买专业设备会不会很贵？"很多事情都有一掷千金的做法，也有经济适用的做法。有钱人并不一定非得选择一掷千金的做法，穷人也不一定会采用经济适用的做法，一切要按照有利于结果的原则来进行，按刻板印象来做事情只会浪费掉不该花的钱，或者让我们失去行动的机遇。

在设备的添置上，很多人也有"刻板印象"，从以往的经验来看，如果要做出一个高质量的作品，一定需要一个功能完善的录音室，在完全隔音的录音环境中录制。

设备上的"刻板印象"难倒了不少人，让人束手束脚，是因为大家并不了解自己所听到的声音。其实我们在市面上听到的声音产品，背后的录制环境有很大差异，但最终从听众的耳朵里听到的却差异不大。换句话说，普通听众是几乎听不出其中的差异的，有时只是创作者自己过分迷恋那些设备。

实际上，把家里的环境稍加改造，就能解决录音棚的问题，而无须大费周章。我们所做的一切，都是要从听众的听觉出发，重要的是最终的录音效果。因此，第一步找出家里密闭的小空间，作为自己的"录音棚"即可。选择一个密闭的空间作为录音场所可以降低房间混响，使录音变得更为纯净，因为我们进行录音时，话筒收集到的不仅是人声，还有整个房间的声音反射。家里的小卧室、衣柜或者储物间都是理想的空间。

我最初选择的就是衣柜，衣柜的"优势"很明显，首先，对于居住条件不太好的人来说，未必有那么多的房间或储物间来选择，其次，衣柜在吸收杂音上有着非专业环境难以企及的优势。

专业的录音棚一定会在房间四壁布满吸音材料，从而降低房间的环境噪音，也减少因墙壁反射而形成的回声。而在衣柜里的各种衣物就是现成的非常好的吸音材料，因此在衣柜里面多填充一些衣物，就会具有和录音棚同样的吸音效果，大家可以试试，录制出来的声音质量并不比录音棚里差。我当年是把冬天的衣服全部都拿出来挂在衣柜里，从 6 月到 9 月，我在衣柜里度过了最最闷热的夏季。甚至后来每每让我以为那种大衣和毛衣的气息就是夏天的味道。

如果你也像我一样采用了极简原则后，就会发现，化解设备添置的阻力后，行动意愿会显著提升，对自己更有掌控感。即使你遇到束手无策的极端环境，心态也会平和很多。

我刚开始创业的时候，隔壁的房子经常会有装修的声音传来，因为这是一个新交付的社区。但这并没有影响我的心情，当电钻声、敲击声等等这种"硬伤"出现的时候，我就停下来做别的事情，或者到小区花园里去散步，等噪声过去后再录音。这时候不要给自己添堵，当这些超级噪音结束之后，再录制就好。真正需要稳定的是自己的心态，而非一个无法改变的环境。

在与很多新人交流的过程中，我发现大家之所以对环境抱以如此大的期望，是认为一个配音员要把自己的声音卖出去需要过五关斩六将，经过一串复杂的程序，并且认为靠自己的力量是做不到的，所以把焦虑转移到了环境和设备的选择上去。有的人心里想："既然我没有录音棚，也没有一套好设备，那么我还是放弃吧。"

我们有一种习惯性的心态，就是当事情不能解决的时候，认为多投入钱财就能解决。其实根本不是钱的问题，而是决心和自信心的问题，是怕不怕困难的问题，是解决事情的思路问题。

你要相信自己，因为"声音变现"的创业逻辑里面决定性的因素是自己声音的表达力，设备只是你的工具，而不是最核心最本质的"发动机"。

大家都知道惠普、苹果公司"车库创业"的故事，他们在创业过程中最核心的不是厂房也不是工作环境，而是将技术转化成产品的能力，并且这个产品符合市场需要，所以我给自己创业的经历取名叫"衣柜创业"。和"车库创业"不是卖车一样，"衣柜创业"也并不是卖衣服，而是指我把衣柜当作工作室，录制我的音频节目，从而开创了自己的"声音事业"。创业的关键不在于环境，而在于创业者的"轻盈心态"，头脑中不要有太多复杂的规则，不需要太大的投入，从自身的能力出发，在自己可触及的资源范围内开启事业。

1000元的预算怎么挑选物美价廉的录音设备？选择在家录

音，其实是一种性价比很高的工作方式。"衣柜"创业所需的物品有话筒、声卡、录制电脑就够了。不要一味迷恋设备的投入，根据自己的经济情况制定采购计划，下面的这些建议就能够帮助你在家里录制出好声音。

话筒的选择

录音用的麦克风主要分为两种，一种是电容麦克风，另外一种是动圈麦克风，它们俩的区别是什么呢？主要是声音采集方式和灵敏程度的区别，如何选择取决于环境噪声大小，因为采集方式不一样，使得它们对声音采集的敏感程度不一样。

如果你家里是比较安静的环境，又选择在一个比较密闭的环境中，比如说衣柜里面录制，就可以选择电容麦克风，因为它对空气的振动更灵敏，能够采集到更加细微的声响，环境中的杂音都能采集到。电容麦克风很适合电台使用，所以请大家注意，如果录音环境安静，可以选择高灵敏度、宽频响范围的电容麦克风（如图 3 - 1 所示），使用电容麦克风注意开启声卡的 48V 按键。

如果家里环境没有办法把周围的噪声降到很低，那么选择灵敏度较小一点的动圈式麦克风就好（如图 3 - 2 所示）。麦克风的价格并不贵，随着技术的进步和生产能力的提高，许多厂商的电容麦克风都能满足专业配音的需求，500 元左右就可以买到一个不错的麦克风。

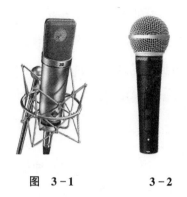

图　3-1　　　　　　3-2

声卡的选择

麦克风是声音的采集工具，但是声音采集之后需要把它转换成电子设备能识别的信号，存储成设备能保存的形式。就像赚了钱，还需要 ATM 机把你的钱转化成数字保存下来一样，或者再形象一些，就像照相机把你美丽的形象转换成电子图片，这个声音"照相机"就是声卡了。

好的录音环境与声卡，可减少在后期处理的成本。如果采用电容麦克风，得配套带有 48V 幻象电源的声卡。录音声卡是属于专业录音器材的一种，比电脑自带的声卡效果要好很多。各种厂商推出了不同价格、不同效用的录音声卡，声卡的参数说明里有非常多的专业术语，让人觉得眼花缭乱，初学者不知道怎样对比选择，只要你不是一个声音的极客，不太建议初学者分开购买声卡和麦克风，因为会增加很多研究和组装的时间成本。

最早我是把麦克风和声卡分开来购买的，当录音成为越来越大众化的工作后，特别是直播的兴起，让录音设备的销量提升、价格降低、性能提高的同时体积也缩小了。现在多数厂商已经推出千元左右麦克风和声卡的组合，用 USB 接口直接插到电脑上即可，非常简便易用，从而方便了消费者的选择，我自己后来也买了这类套装更换了原来的设备。市面上这些产品的种类非常丰富，要尽量选择知名的品牌。

几个提升录音质量的好方法

方法 1：正式录音前一定要进行样音检测

录音环境和设备问题解决了，接下来有一些小细节必须引起重视。样音检测作为节目制作最重要的一个环节，往往会被大家忽略。这方面我曾有过"血的教训"，有一次在模仿童声录音全部完成后，我才发现没有做一个样音检测，没想到电脑里面的电流声特别大，几个小时的工作全部"心血白费"。

录制童声和老年人的声音都是非常费嗓子的，相当于普通女声的 4 倍工作量，所以这等于浪费了我几个工作日的时间。并且再次录制的话，我们的情绪、语气、声音的状态都会有所不同。从那时候起，我就告诉自己，在正式录音之前，一定要首先录一段样音，测试录下来的声音有没有被一些干扰因素破坏，这是很重要的一个步骤。评价录音质量的不应该是录音时自己监听到的声音，而应是成品完成之后通过电脑或手机里播放出来的声音。

录音时，一旦出现样音不理想的情况不要着急，方法永远比设备重要，只要掌握正确的录音方法，你就可以录出很棒的声音。

方法 2：注意麦克风、防喷罩和声源的相对位置

检查麦克风是否与话筒防喷罩平行，保持麦克风、防喷罩和声源在同一高度。人在录音的时候，最直接的对象感就来自于麦克风，所以要把你的麦克风想象成一个和你面对面的人。如果你把麦克风的位置放得太高，就会让你的声音整体往上走，导致鼻音太重；而如果把麦克风的位置放得太低，就会让你在发声的时候不自然地把人往下压，导致喉音过重。

除了检查高低位置之外，同时你还要注意麦克风和你的距离不要放太近，太近的话一定会喷麦，喷麦会给人的耳朵造成一种"砰砰"的感觉。可以想象一下，这种感觉就像是有人在给你打电话的时候，用手一直在电话那一端拍对话筒。麦克风放置太近的话还有一个弊端，就是对于说话声音比较靠前的人来说，很容易录下一些唇齿音、口水音等等。因此，保持 15 ~ 20cm 的距离并且不要经常变化是很有必要的。如果是用手机的耳麦录音，话筒与声源应保持一定距离，并向一侧倾斜30°录音，可有效减少喷麦。

方法 3：保持稳定的发声习惯

有的人发声习惯不够稳定，就是平时说话的时候声音高低快慢变化很大。这种富于变化的声音在一定幅度内可以增加声音的弹性和表现力，但幅度过大就会给录音工作带来困扰，导

致录制出来的声音有喷麦、飘忽等音质不稳定的情况发生，给听众带来不适感。

另外就是，不稳定的发声习惯对嗓子有很大损伤，不利于长期录音。在正式录音之前，可以先录一小段测试声音最舒服的位置，随后记住这个位置，就能避免你的声带疲惫，从而最大程度保持音质稳定。

方法4：如何降低环境噪声和回音？

声卡和录音软件里都有降低环境噪声的功能，降噪功能打开后，对声音是有一定损伤的，它的原理是过滤了你预设的一些"小的声音"，需要根据自己的发声习惯来调节，否则一些低强度的发声可能会被屏蔽掉。

所以最好的办法还是事先降低环境的噪声，例如关门关窗，给门窗的缝隙加装胶条或布条，或者给墙壁贴上海绵等等。我有个朋友说，她录音的时候搬个那种宝宝用的蚊帐架过来，覆盖上床单或被套，然后在里面录音，降噪声、降回音的效果都非常好。

以上就是提升录音质量的几个小经验。录制结束后要将人声进行导出，一定要记得将文件另存在自己设定的文件夹中。录制的声音文件并不像视频文件那么大，在电脑里最好有一段保存时间，比如说几个月或一年，主要是便于查找和编辑。然后是做好备份工作，及时分类复制到移动硬盘保存，因为这些都是你辛苦工作的成果，多个备份或异地备份都不为过。

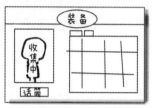

装备收集中……

客户群未知……

要点15：成功的声音产品解析

——生产人们主动寻找的声音内容

说到成功的声音产品，许多人误以为是因为"包装精良"。对于大部分声音产品而言（儿童产品除外）除了人声，所谓的"包装精良"，只配了5项基本的"装饰性"元素，便足以达到售卖标准了：片头、渐入过渡、主体干货、重点提示、片尾渐出。

我用一个制作的图片来表示，大家可以看到工程轨迹其实很简单，如图3-3所示。

图 3-3

并非人人都想成为配音配乐大师，我们大多数人期望的还是能用较少的时间和金钱投入获得变现的价值。因此，让我们把宝贵的精力放到真正核心的事情上。大家总认为成功的声音产品非常复杂，在我看来，想获得成功的核心只有一个：人们正在主动寻找它。

这种节目在声音方面的核心竞争力来自哪里？

第一是声音有特点。我们很难想象，无论是针对配音市场，还是针对知识付费市场，一个极有特点的声音产品，没有人不愿意跟他合作。能找到一个人来解决自己解决不了的问题，大家都愿意掏钱。

第二是我们的声音能稳定地完成作品。换位思考，如果你是客户的角色，你希望选择怎样的合作伙伴？你可以把它理解为工作当中你交办的任何任务，总能够保质保量地完成，这样的供应商一定会被青睐。

很多人认为开启声音事业成为一个配音员，把自己的声音卖出去需要过五关斩六将，认为一个人的力量是做不到的。这种"误判"的形成是因为你并没有觉察到，人们正在主动寻找的产品本质是什么？

人们到底正在主动寻找怎样的内容呢？用两个关键词来形容，第一个是陪伴，第二个是获益。

第一个关键词：陪伴

听众为什么需要陪伴性内容？现代人的生活真的很不容易，孤独、失眠甚至抑郁越来越常见，很多人需要伴着抚慰人心的声音入眠，这是一种陪伴。

除此之外，想想独处的时候你在干吗？被工作围得团团转的时候期盼独处，当拥有独处时间后，却直呼"好无聊啊"。这时候，你又开始努力寻求如何不独处的方法，比如刷手机、刷视频、玩游戏等等，这些在本质上都是寻求一种陪伴。

你的空余时间，就是商家争夺的战场。过去人们通过看电视、看报纸等来获取资讯，换句话说，就是通过传统媒体渠道了解外界和学习充电。现在在新媒体的冲击下，人们获取信息的渠道更加多元化。

可是人们的整体时间是固定的，空余时间就会被更多的内容供应商来争夺。哪些内容更能获得你的青睐，哪些内容更能够在合理的时间出现在你的面前？这是他们思考的内容切入点。这部分的切入点基于他们对听众的观察、对人性的洞察、对渠道的占有和对听众个人习惯的预判，从而创造更有价值的内容，为你的独处提供服务价值。内容供应商的服务价值是通过陪伴性产品的生产来实现，让你在不希望独处的时候，对他们推出的产品产生依赖感。

不同地域的人们通过打麻将、玩游戏来消磨时光，音频内容的出现也瞄准了人人都需要陪伴的刚需市场。注意观察一下那些让你产生依赖感的内容是什么，如果拆解这些让人产生依赖感的内容，你会发现它们和你交友的感觉很相似，通过听觉获得的第一印象不错。紧接着再了解这个内容跟你日常关心的方向是相关的，并且它每次都会定时出现在那里，每当你情绪出现波动的时候希望能够知道在什么时间、什么地点找到它，在它的陪伴下和所营造的环境中，情绪恢复平静、获得治愈，甚至受到鼓励。你经常去"打卡"之后便会形成了黏性。让你在不希望独处时，对这些内容产生依赖感。

第二个关键词：获益

所谓获益，就是听众听你节目的目标很明确，希望用最短的时间获取到最大的价值。

你花钱最大方的时候都是面对获益性产品，例如每个家庭的孩子在进入高考之前都会有补习的阶段，这个补习的阶段就是提分阶段，对家长而言获益的东西就是分数的提高。这时候大把地花钱也没有任何犹豫，因为家长非常明确地知道这个机构能够承诺在多长时间内帮助孩子提高多少分，这就是获益性产品的实际场景之一。

如果你的声音节目定位是获益性产品，那么就要想好如何做好知识的搬运工，这时候要记住，理论就不要继续输出了，不能像唐僧对孙悟空一样不断念经，因为获益性产品最宝贵的不是陪伴，而是最快最精准地给到听众答案。

你在使用搜索引擎的时候很少会看到搜索引擎显示"今天的事情今天做！每天早一点，人生就充满希望！"等。搜索引擎它就是获益性的产品，没有人会建立一个习惯在规定某个时间去打开搜索引擎搜索东西。但是你在遇到问题的时候，会利用搜索引擎寻找答案，它帮助你在最短的时间内获得你需要的知识，还会帮助你补缺你知识系统里面缺少的短板。

因此，陪伴性产品你可以发挥更多，但是对于获益性产品就不要随意发挥了，因为对于获益性产品的听众而言，他们最大的痛点是要用有限的时间获取急需的知识，这个知识能够立刻帮助解决面前遇见的问题。所以对获益性声音产品而言，首先是要满足听众的刚需。

要点16：成为一听倾心的故事大王

——加大声音的对比

> 我的绩效练习点18：声音的弹性练习。
>
> 创造性的练声工具：声音就像弹簧，可以缩短、可以拉长。

让我们延续着要点15的思路，陪伴或者获益。故事产品既符合陪伴性产品定位，你完全可以讲述一部个人版的一千零一夜，满足听众不同频次的陪伴需求，同时你又能在故事中穿插许多知识性元素来刺激收听，符合获益性产品的特性，这是一片大蓝海。

你计划多久对听众进行一次陪伴？每天、每周、还是每月一次？

陪伴性音频产品的内容类型要根据你对听众的陪伴频率来决定，这和追求内容优劣没太大关系，但是在故事里可以通过加入传统文化、成语等内容，成功增加获益性产品的特质。把这个想清楚之后，再来决定从细节上你要选取什么类型的故事，哪些内容是你最擅长的。

只要讲故事，就离不开传递故事的声音，你会发现有人讲故事时因为声音运用得当，讲得惟妙惟肖、栩栩如生，但有人讲故事却像坏了的收音机，听起来不清不楚，毫无吸引力。

一个有内容的好故事却被讲得平庸、平淡的情况不少。我的好姐妹豆豆妈就是讲故事的声音刚需者，豆豆妈每天会给孩子读故事，但是过去她的声音却不具备给孩子读故事的表现力，没有办法做到让故事本身一听难忘。

我们一提到讲故事就会想到孩子，那是因为孩子更加珍视听故事的机会和时间，他们自由安排的时间实在是太珍贵了，仅仅只有睡前那么一点点时间去倾听自己喜欢的故事，而这个时候我们还希望故事能达到哄睡孩子的效果。

其实所有人都爱听故事，成年人对故事的渴望远超你的想象。历史播讲剧、奇幻故事播讲剧的大热，足以证明成年人对优秀故事的期盼绝不亚于孩子，成年人只是因为听故事的机会太多而不以为然。

故事内容本身是否吸引人是一个维度，如果你希望自己的故事深入人心，那就不能够忽略故事的演绎维度，这个演绎就是你声音里的表现力和感染力。

我是一个从小就爱听故事的人，回想小时候每一期《故事会》的出版都会成为我翘首期盼的事情，虽然现在长大了，但自己爱听故事的天性并没有消失，只是转移到了更复杂故事中。后来，自己也开始慢慢地学着讲故事，我发现那些特别吸引我的故事就有三大特点：画面感、戏剧性、通俗性。

声音的需求者会主动来寻找具备故事表现力的你，委托你制作"十分精彩"的故事，庞大的有声故事书市场也说明了这个问题。我们要怎样才能让自己的声音质量，满足工业生产标准，并且讲得比大部分人都好，让自己脱颖而出呢？

我是在开拓"声路"为一些故事演绎声音之后，顾客对我提出为文字作品赋予声音感染力的时候，我才开始在与他们交流的过程中，体会到"十分精彩"四个字的详细构造：声音就像弹簧，可以缩短也可以拉长。

用声音构造出故事饱满的画面感，就要懂得声音的弹簧运用术。

所谓一听倾心的故事大王的魔力，就是增加声音的对比度，让你的故事被声音演绎出三大特点：画面感、戏剧性、通俗性。

"十分精彩"的故事有一个声音标准就是"声音的弹性"。"弹性"一词一般用以比喻事物可多可少、可大可小的伸缩性或可变性。讲故事如果要通过声音塑造画面感，那就一定不能平铺直叙，平铺直叙是画面感和戏剧性的大敌。

我们常说一个人物的形象很饱满，一定是这个人物性格的变化特别多。同理，听出饱满感说明声音的变化性很多，讲故事是一种演绎方式，不能完全沿用日常说话的方式，而需要有技巧地使用声音来塑造这些变化性。在讲故事的时候，时刻记住声音就像弹簧，可以缩短也可以拉长。

为什么讲故事时声音的弹性要更强呢？因为故事要精彩，就必须要有戏剧性，这种戏剧性就是来自于强烈的对比、矛盾等。因此，随着强烈的对比和矛盾等思想感情的变化，声音也要随着这些变化来伸缩，这时声音的弹性程度就要更强。

这种伸缩并不仅仅是单纯的声音大小变化和快慢变化，这只是最简单的一个伸缩对比，同时，还要认识这些对比的多重组合，才能认识到故事里声音变化的丰富程度。因此，第一要展现出声音像弹簧的各类对比方式，第二就是要学会使用这些对比方式进行组合。

美国作家马克·吐温说，成功的秘诀就是让工作变得跟度假一样愉悦。

如果你也是一个从小就爱听故事的人，故事的声音产品就是你的"福地"，把自己最喜欢和最擅长的两种事物巧妙组合在一起，这种强大的化学反应能让你创造自己独特的优势。通过有计划地练习不断增强你声音的弹性，利用互联网的宽度和广度传递给更多人吧！故事内容创业有巨大的发展空间。

孩子和成人都喜爱的故事世界，正为声音播讲人创造着巨大的价值蓝海。

要点 17：你也可以成为新媒体主播

——声音不好听，如何发力新媒体

我的练习绩效点 19：提升输入效率

创造性的工具：《如何练就阅读力》一书

我在前面的章节中讲了很多方法和技巧，目的都是让声音更动听，达到商业级声音产品的标准。但曾经的一次经历也一直在提醒我，针对声音的问题不能矫枉过正，否则可能就会适得其反。

但在这个要点里，我却要着重讲声音不够动听的市场。你可能会迷惑，这不是开玩笑吗？不好听怎么能成为新媒体主播呢？

没错，因为主播声音好听，通常都是我们习惯中建立起来的直接印象。书本上对主播的声音特点做过一个 32 个字的定义："准确规范、清晰流畅、圆润集中、朴实明朗、刚柔并济、虚实结合、色彩丰富、变化自如"。这是一段十分抽象的定义，我相信绝大多数人不知道这段话到底描述的是什么样的声音，我们无法理解的原因，正是99%的人都没有达到这个要求，即使如此，99%的人里面难道就没有传播自己观点、教书育人的成员吗？

相反，我却听到很多老师因为独特的风格而让课堂十分精彩，让人们根本不在意声音的动听与否。所以在这个要点里，我把话题换成"声音不够好听是否可以做新媒体主播"。

之所以想到这个问题，是因为我曾经在帮助别人打磨产品的时候犯过一个"矫枉过正"的错误。当时，我们计划和行业知名的意见领袖来做一批精品节目，既然是精品，我就在心中列了一张清单，然后对着清单一项一项地核对满足精品的标准，当然就包含了对声音"模式化"的标准：准确规范、清晰流畅、圆润集中、朴实明朗、刚柔并济、虚实结合、色彩丰富、变化自如。

我们认为如此追求完美，一定可以做出最优质的节目。结果事与愿违，其中的多位合作者对音频节目产生抵触情绪，认为自己不是"专业人士"，做出来的节目不符合精品要求，厌烦和不满情绪蔓延，甚至对自己产生了不适合做音频节目的怀疑，合作也随即终止。这次的经历迫使我真正地认真思考，如果遇到声音不够动听的人，如何能帮助他们建立自信，产出自己的新媒体精品节目呢？后来我终于明白了，播音和新媒体主播根本就不是一回事，播音只是把已有的内容进行声音化。

下面这些数据对你而言也许具有强烈的吸引力，也常常被用来作为"宣传"：根据权威机构数据显示，2018年，有声音频App的听众规模达到了惊人的3.04亿，这也意味着背后对声音的巨大需求。深圳一家公众号配音公司，每个月都要配2000篇稿件以上，仍然供不应求。如果你喜欢古风剧、国漫、微电影，还可以进入专业配音界，喜欢这类音频的听众黏性极高，愿意付费的听众达到80%以上。这是我们普通人的巨大机会，如果你的声音动听，不仅可以用声音赚钱，还能激发自己的爱好和兴趣。作为普通人，你可能赚不了几百万甚至上千万，但你完全可以利用下班2小时，录制一篇文章赚几百块，如果你做得好，月入过万非常容易。

但是要达到商业级的标准毕竟不像阅读，很多人即使懂得了大量知识也依然过不好自己的生活，更别提声音是必须要练的，并不是知道了理论概念就可以立刻"变声"。既然练习必不可少，就一定有很多人在练习的过程中选择放弃。

相反，现在新媒体主播的外延已经拓宽了太多，如果我们还依然认为播音等于新媒体主播，我们自然就会"压力山大"了，也很容易得到这样一个结论：声音不好听就不能做新媒体主播。现在我们的文化更多元化，对新媒体主播的定义已经更宽泛了，不是只有声音动听的主播才叫"新媒体主播"，相反，作为一个互联网的新媒体主播，有特色反而是一大竞争优势。

互联网的大范围应用化，已经让人们习惯于向互联网去寻求各类信息，当然包括知识学习类。因此，新媒体主播涉及的内容更宽泛了，包括：恋爱技巧、睡前夜话、情绪压力、婚姻家庭、职场人际、个人成长、心理健康、魅力养成、品质生活、亲子感情等。只要你有对他人有用的系统知识，就可以做新媒体主播，在传播的过程中，反而越有趣越有特色，越受到网民的欢迎。

弄明白这个逻辑之后，如果觉得自己的声音不够动听，但想要成为新媒体主播，那么你的主要发力点就很清楚了。

专业背景

有专业的方向才会有好的观点。每个想当主播的人都得有自己的专业方向，比如博物馆讲解员，就都有自己的专业方向，历史和考古的知识就是作为主播的重要基础；还有农学或植物学的教师，为大众讲授瓜果蔬菜的营养价值、新奇水果的口味和吃法；社会学专业的人，可以将节目内容定位为不同人群之间的沟通或者性别与性格的关系；铁路工作人员，可以将节目内容定位为铁路历史或者科普。总之，专业背景的沉淀对于做有声节目是一种基础，在制作节目时掌握着其他人所不具备的信息。

兴趣关注

把兴趣或关注转变成声音产品是一种有选择的创作行为。比如说博物馆讲解员针对儿童听众可以编撰恐龙的故事，针对成人听众可以讲传说轶事，这些都是在博物馆的解说里听不到的声音。农学或植物学的教师，可以讲解各种蔬果中大家意想不到的功用，给女性推荐可以瘦身美容的吃法。社会学专业人士可以讲解婚姻在各个国家的风俗习惯。铁路工作人员可以讲述高铁建设中不为人知的一些工程难点，或者与铁路相关的情感故事。总之是基于自己的专业基础，在缺少竞争节目的领域吸引大众的注意力。

要点18：有声书市场有多大?

想要了解有声书市场有多大，就要了解伴随经济有多大。随着互联网的发展，人类取得伴随的内容越来越便捷，场景越来越丰富。智能手机的使用群体激增也让伴随的体量越来越大，这两重力量的汇聚，让过去许多"固定"下来的内容，得以释放出新的变体。

想象一下你听有声书的感觉，有声书比单纯阅读文字更有温度，你读一本与情商有关的书，得到的触动一定不如听蔡康永娓娓道来有收获。你去看"罗辑思维"的图文，一定不如听罗振宇特色的声音更迷人。从创作者的角度讲，为自己的内容进行"声音化"比短视频创作成本低，比写作也更容易，适合播放消费的场合也更多，生产投入的成本比纸质书更可控，不会有存货和浪费，是一种绿色的伴随经济。

有声书就是伴随经济下的新变体，这种变体是有意义的，也拉动了伴随经济的质量提升。陪伴性的产品越来越丰富，良币替换劣币，人们开始在寻求这些高质量的，有知识密度的陪伴。至少家长一定会为孩子寻求更高质量，更高知识密度的陪伴。

再回忆一下，你在听有声书时的场景，和视频伴随的场景相比，声音的伴随优势反而越发清晰：场景很确定，所有不方便"看"的时候，都适合去听，晨起、路上、等车、睡前……

听众可以一边健身、一边开车、一边做家务、一边哄娃、一边听着书里的内容，听的心理负担小，资讯收获反而比读的时候更多。伴随经济中，提供的内容形式多种多样，但是阅读、视频等伴随资源不如音频轻松简单。有声书的崛起，正是在图文红利已尽，短视频转型不容易这样一个独特的窗口期。

加上音频平台的发力，让人们对于听书的学习方式更加习惯，消费者对于有声书越来越青睐，当有声书作为一种伴随经济，拥有不亚于知识付费的千亿级市场，在 2018 年起势之后冲过了爬坡阶段，整个行业的品类和听众规模都大幅度提升。

一个行业的市场有多大，行业分析师通常会从这几个环节的入局者来分析：上游、中游、终端产品。

随着听众自由支配的时间越来越碎片化和收听场景的多元化，听众接受资讯的主要渠道和习惯也在改变。收听经济的兴起，正是因为耳朵在碎片化的生活中解放了人的双眼，提升了碎片时间的利用率。随着音频制作的精良，听书逐渐满足了人们对内容和精神的双重享受。

在有声书行业中，上游是拥有作者和内容的这些网络文学平台或出版社，他们组成了版权方，这部分人是创作者和版权拥有者。

中游是平台和制作者。他们把文字变成可以听的内容，所以中游基本上就是有声书制作公司和音频播放平台，他们所搭建起来的这些或大或小的制作团队把原来的文字产品通过声音进行二次创作。

到达我们消费者手中，可以通过智能手机就能获取自己喜欢的有声书时，一个完整的有声书行业步骤就进行到最后一步了。我们头上的耳朵就是最终的消费者，而让我们扫一扫就能收听到内容的 APP 就是有声书的出售渠道。

所以市场的大小在于每个环节的发力，当在互联网上写文章的越来越多，那么我们的内容供应就越来越多，同时随着内容供应的增多，对内容进行有声化的制作机构也会越来越多，无疑又会反过来促进我们的内容创作者更愿意在这个平台上去进行创作变现。

从大环境的角度来看，互联网的兴起，越来越多的人成为互联网内容的生产者，同时也是消费者，共同推动了在线音频平台的发展，让每个环节的规模和效益都比过去更加可观，这两个因素无疑是支撑其有声书市场扩大的根本原因之一。

虽然目前音频平台上不乏爆款课程，但是有声书才是平台流量和收入的支柱。有声书市场，也出现了越来越多的"爆款"。这么庞大的体量，上中下游的读者们会去哪里寻找声音供应者呢？你将会在要点 19 中读到答案。

要点 19：互联网众包之声音任务

"配音还是挺两极分化的，像新进入市场的配音员可能就没有我们那批的配音员价格高了。"

"我们初来乍到时，也是低价进来的啊。"

初来乍到的人，最初都会选择以低价的方式进入某个行业，声音行业也不例外。如果不降低客户的试用成本，客户不会愿意放弃已经合作过的风险小的声音，而采用风险大的声音。

每一个人在声音价格上涨之前，都会有一段磨炼声音表现力的阶段，这个阶段可以通过接一些工作任务来达到锻炼、找感觉、建立每日录制的习惯，同时又能挣到一些零花钱。

我们可以在一些声音任务发包平台上获得试音，通过接任务挣钱。在要点 18 中，我让大家开始思考一个问题，在有声书占据"听"的市场 60% 市场份额的情况下，这么庞大的体量，上中下游的入局者会去哪里寻找声音的供应者呢？

答案就是声音任务发包平台，什么是声音任

务发包平台，你可以理解为互联网上的声音流水生产线。为什么可以通过在声音任务的发包平台获得报酬呢？在进行尝试之前，不妨先了解一下众包平台的运作模式。

众包平台的诞生，首先源自解决企业内部的需求。虽然我们常常惊讶于人工智能的"神奇"，但其实要达成让机器变得更加智能化的目的，首先需要海量数据作为基础，才能在不断淘洗数据的过程中，提升机器模拟人脑思考运算的速度。

这些海量数据被"不断淘洗"的过程，就是人工进行分类、标记的过程。互联网的海量信息呈现在前端的时候，在它们的后端其实有一大批员工默默地做着分类、标记、审核工作，你可以理解为互联网上的流水线工作。

这群以人为中心的体力和智力劳动者，支撑起了人工智能的精细化数据，所以其中的本质是源于这背后有着大量的人力投入。

因为细微差别、波动偏差，这些需要反复对比后才能确认，这部分工作是没办法由人工智能完成的，而是需要能够应对这些偏差的人，甚至需要一些有行业背景知识的人的智慧。

当然这部分的人力资源也会在深度学习、人工智能等前沿科技的影响推动下，让科技公司看到这部分人力资源是可以通过外包、转移来节约成本并进一步提升效率的，于是互联网众包的模式就诞生了。

时至今日，来自全球各地的互联网众包的服务供应者，注册听众累计超过50万，并将这种众包式的数据标定工作发展成为一个全新的行业，他们无须走出家门但却可以养活整个家庭。

　　众包的工作很简单，在平台领取声音劳务项目，完成试音后等待挑选，挑选过后开始录制，以获得相应的酬劳。虽然不确定性很多，但是对于新加入声音领域的人来说，这是一个能否有人付费让你锻炼声音的好机会。

　　这样的声音任务发包平台在哪里呢？

　　随着文字有声化的需求量日益提升，支撑起文字声音化的数据，仍然源于大量的声音人力。这就意味着要把大量的文字分配给提供声音的人，才能保证任务的完成。很多知名的音频平台要么拥有自己的劳务众包平台，要么使用第三方服务，市面上的音频平台几乎都是较大的声音劳务众包平台。

　　出乎意料的是，这样的平台吸引了众多需求声音的机构、内容创作者，他们在声音劳务众包平台发布了他们对声音的需求，同时也节约了时间成本和金钱成本。没有人会知道具体是谁发布的这个任务，因为发布是匿名的。

　　我们从数据上可以看到，互联网众包声音任务的平台收入总额大约占到有声书市场份额 5%～10%。大家喜欢这种方式的原因是在于，大量的声音供应者进入商用级，他们可以在家里面通过互联网提交自己的产品。

　　互联网是一个巨大的生产流水线工厂，过去你需要找一份全职的工作才能养活自己，但是现在无论你在世界上哪个角落，无论你当时是否有自己的本职工作，你都可以利用这一条声音流水生产线，在不同地点完成需求方发布的任务拿到自己的报酬，这种模式应该会成为未来一种常见的声音工作模式，来重塑世界的声音交易形态。

要点 20：广告与影视配音

> 我的练习绩效点 20：精准的语气传递练习
>
> 创造性的练声工具：跟着身体动作、表情的改变而带入情绪和语气

广告配音和电影配音等学习资源是最丰富的。我们打开所有的互联网页面，几乎都会收到广告推送，如果点击的是免费视频内容，而同时又是非会员，我们一定会看见正片前的视频广告。过去我非常反感，但自从我开发了更多"声"路之后，这些强制推送的大牌广告，已经成为我源源不断的学习素材了。

模仿是最快速的学习，这些内容曾经都是我非常有效的学习材料。在前面我们了解了这么多跟声音相关的物理属性，不妨把每个广告进行拆解，看看它们满足了声音的哪些物理属性，然后找到对应的练习绩效点，把模仿的声音录制下来，

听听声音的改变，哪一些广告类型和你的声音物理属性是最贴近的，通过这样的方式来快速找到自己的广告"声路"福地。

当我通过模仿发现自己的声音从物理属性上越来越接近广告之后，我大胆地把自己的声音分享给广告采购商，但是采购商们仍然没有选用我的声音。后来我发现，对于广告和影视配音来说，除了声音本身的质感，更重要的是情感的精准传递，也就是说我声音的"软件"部分，还有待提高。

广告是短小的影视，它们之间的声音运用术是相通的，广告和影视角色中丰富多彩的形象被人记住，需要的是一种情感丰富且有辨识度的声音，甚至可以说，情感的丰富比声音本身的质感更加重要。

比如小猪佩奇英文原声的提供者——小女孩 Harley Bird，她开始为小猪佩奇配音的时候是 5 岁，这个动画形象的声音设定是 4 岁。现在，每个家庭的房子里除了自己和家人的声音之外，听到最多的就是 Harley Bird 的声音了。她的老师也开玩笑："现在即使不在学校，我每天在家里面依然能够听到你的声音。"

Harley Bird 5 岁时，参加了导演的声音选角面试，在她前面还有两个人，当时她自己根本不知道要做什么，因为刚开始配音的时候，佩奇并不出名。即使被选中开始为佩奇配音后，她也没想到佩奇的声音后来会这么火，但是现在，听众的脑海中都忘不掉这极具感染力的"猪哼鸣"和"佩奇笑"。

　　"猪哼鸣""佩奇笑"这两个独特的声音，精准地传递了佩奇的性格特征，让这部动画片大放异彩，这也是导演选择Harley Bird 作为佩奇声音演绎者的原因之一，Harley Bird 丰富且精准地传递了这只叫做佩奇的小猪的情感，同时也让她成为全世界家喻户晓的人物。

　　丰富的情感和精准传递的技巧对广告和影视作品的配音来说，起着举足轻重的作用，我们经常听到一些"不那么动听但很有趣味"的声音，比如七八十年代的大批国外影片和动画片的译制配音让我们记忆犹新，一个个形象鲜明的角色如"唐老鸭""米老鼠"就这样被成功演绎。

　　这种传递丰富情感的声音技巧主要体现在"层次感"上，有表现力的声音一定是有层次感的声音。每个人的声音其实都有很多层次感，只不过平时习惯将声音的层次感隐藏。

　　我在声音训练营反复跟每个学员说，每个人都有广告配音的声音表现力，只不过大家没有去注意，这就好像总说自己没有写作素材，但其实每一个人的生活都有值得记录的事件，只是没有保留下来而已。

　　大家一定知道自己在不同状态下的声音，换句话说就是没有细细体会，头脑中没有记住而已，所以在你需要展现的时候，不能精准地调用和表现出来。这种过程就像演奏家记忆曲谱一样，记忆的曲谱完整又精准，节奏掌控又好，演奏出的乐曲感染力必然不同。

每个人都可以仔细研究自己声音在不同情绪状态下是怎样的，在这些情绪状态里最有感染力的声音是在什么状态下。声音需要的细节是想不出来的，要去感受和实践，如果有一些声音的细节层次始终出不来，可以尝试用一些环境的引导，读读电影故事、听听音乐、发发呆，或者模拟下面的语境。

模拟一下这个声音游戏"为什么骗我"，不同性格的人会用不同的声音回答"为什么骗我"。

1. 谁骗你啊？（直接的人）

2. ???（单纯的人）

3. 咋了？（自以为是的人）

4. 我吗？（善解人意的人）

5. 什么？（反应迟钝的人）

6. 是说我吗？（老实人）

7. 我什么时候骗你了？（可爱的人）

8. 我不懂你说什么？（心虚的人）

9. 啊！（暗恋你的人）

10. 怎么了？（关心你的人）

11. 我又怎么了？（真正爱你的人）

12. 为什么？（想你的人）

13. 骗你什么了？（冲动的人）

14. 骗你？（高冷的人）

15. 你发错了吧？（对你有意见的人）

广告电影的配音，模拟资源是最丰富的。找到那种"有暗香盈袖"的演员，跟着他们的情绪去体会其中的层次。

没有感情色彩的声音，就无法塑造出有血有肉的角色形象，一个角色形象如果苍白无力，就很难得到观众的认同，就会没有任何角色亲和力。记住：只有了解自己什么时候听起来最有感染力才能去传递。

声音里那种"似看非看"和"若有若无"的迷离感，让你沉迷其中却又猛然惊醒，让你措手不及，同时又让你回味无穷。所以说广告和影视配音中的声音情绪技巧和声音运用术是很重要的！

这些技术表现在以下几个方面：

第一，定位最重要的一点就是角色定位。要认真用心地去体会人物的性格特点、动作习惯、说话方式等等，把自己当成这个人物，去揣摩他的性格和表达方式。每个人的声音要有辨识性，不能千篇一律才能创造出经典的人物形象。

第二，声音表现要与整部片子的基调和声音环境相协调。比如喜剧就要用欢快的声音去表现，在录音时要综合考虑整体的风格，恰当地把握语气、停顿、感情等要素，不要突兀。

第三，声音也有"地域特征"。要清晰地理解这种地域区别才能随机应变，录不同国家、不同地区的动画片要有不同的特色。如给欧美片配音要适当地卷舌，尾音稍微向上调，读人名时要快速、标准；如给粤语片配音时，要熟悉粤语和普通话的说话习惯，粤语语调偏低，语速有时较慢，同一句话，粤语的表达方式、语言组织和普通话是不一样的。

第四，声线要求清晰，声音的夸饰能力要强，才能适应各种人物形象，上至老人，下到小孩，有足够强大的能力去驾驭和演绎。

第五，要塑造独特的辨识度。要做到闭着眼睛也能听出来这个声音是来自动画、电视剧还是电影。有辨识度的声音是艺术创作过程中容易被忽略，却又极其关键的一点。

第六，要有丰富的感情。大量从业者普遍缺乏应有的情感色彩，变得很僵化，这是因为把一个几乎无声的作品变成声音艺术作品，很容易由于流水线式的生产而丧失掉从业者的真实感情，变成发声的工具。多观察生活和体味生活，在生活中去体验真实的情感，才能让自己的感情充沛和丰富。

广告和影视是一种音画结合的艺术，中国是世界为数不多的将配音作为一项事业的国度，市场极其庞大，除了精彩的画面之外，巧妙适合的配音演绎也是能让你脱颖而出的广阔天地。

要点 21：成为一个播客

我常常对希望通过声音挣钱的学生说，别忽略了播客的价值。成为一个播客不是为了挣钱，而是一种"占"位积累的思维，关于这个思维在后面的要点 22 中，我也谈到了如何通过播客过渡到打造自己的网络有声节目并形成品牌价值。

现在，我先来解释一下，在互联网的平权运动中，在很多方面都有不同的演变和进化。比如，大家对于信息获取方式和渠道感知已经越来越新媒体化了，这是一个很重要的信号，就是我们对播客这个信息获取渠道的需求。

所谓播客就是这些内容创作者们，把他们的内容观点通过音频或者视频用互联网来进行传播。

这时候你就会发现，播客讲者的队伍越来越大，很多传统媒体也创作了自己的播客，随着播客讲者队伍地迅速壮大，适用的工具和服务也层出不穷。当进驻这个行业的专业玩家和个体越来越多，为他们研发工具、提供服务的供应商也会越来越多，以至于让所有的播客创作越来越简单。曾经需要复杂的技术才能做到的事情，如今你只需要在家里打开电脑点击鼠标，用一个简单的软件就能够轻易地完成，甚至你通过手机也能够完成。

在第一批先行者分享了他们的果实之后，公众对于通过播客挣钱的关注度开始上升，确实会让你相信美梦能够成真。虽然可以通过做播客挣钱，但我们还要注意投入产出比，因为就算是职业播客也不能让你一夜致富。

进入一个行业要有耐心，尤其当你发现这个行业有不可逆转的发展趋势之后，勇敢地进入，还要让自己有足够的内驱力走到爆发的那个节点，最好的时机就是在变现之前。

你唯一的敌人就是半途而废，真正的成功者只是很小一部分付出长期努力的人，更多的人则在步入正轨之前就半途而废了。我认识一批最开始做播客的人，他们由于内驱力耗尽而没有办法走到时代爆发的这个转折点，所以对他们而言，播客是一件不能赚钱的事情。但是随着公众意识的觉醒，随着进入这个行业的玩家越来越多，即使没有立刻获得货币收入，随着大家普遍认为播客成为获取信息的一个重要渠道之后，你会发现这个阶段进入播客行业中，个体可以收获越来越多的注意力、影响力。

我知道这样的语言对于某些急功近利的人而言没有吸引力，因为创建一个有小范围影响力的播客需要时间。请记住，与那些月入5位数的重量级播客人物相比，更多的人是为了让自己的播客多收入几百元而苦苦挣扎。在你读到的每一个大肆渲染的成功故事背后，都隐藏着无数不为人知的失败和没有被你看见的"测试"时间。

不要误解我的意思，我说这些并不是想打击你成为职业播客创作者的激情和梦想。我认为提醒现实中的风险，正是我们这些受益于播客的人所应当承担的责任和义务。在这里没有魔杖，没有隐藏的小伎俩，也没有什么幕后操作能让你马到成功，只有时间、精力和对机会的正确判断，以及决心才能让你获取成功。

播客的直接获利和间接获利形式并不矛盾，重要的是摆正心态。摆正心态之所以重要，是因为虽然不是人人都能立刻从播客获益，但是把播客当作一个跳板和练习平台，是我们进行播客创作和试水的动力，很多作者也是从播客进入到作家行列的。

不同的人，由于他所处的环境不一样，因此拥有的占位起点也是不同的，对于拥有话语权的媒体传播人而言，这是一种独有的资源。

随着知识付费的兴起，越来越多传统媒体人试水知识付费，这让知识付费、网络有声节目的质量越来越高，消费者们也能获得更多优质的音频内容。但与此同时，也有很多人入了坑。

创业者往往是带着职场上积攒下的客户和资源才去创业，

如果只对市场做了一些简单分析，就觉得找到了选题，认为节目推出后一定能获得巨大的反响，这样的认识是片面的。

"可能"不是"现实"，目标客户要成为真正的客户需要一个过程，很多人开始创业的时候，都会受到周边人的鼓励，口头支持的人未必实际支持。没有经过时间检验的客户不一定是真正的客户，目标客户选择上要有一定标准。

另一方面，错把原有公司资源当成自己的资源是很危险的，有的人错把职场能力当作创业能力，"在家千日好，出门一时难"，职场和自己创业的关系也是如此。例如很多职场人士销售业绩很好，但实际上主要是依靠平台和大公司的知名度、完善的产品和服务体系，这些才是决定成交的真正因素。

在辞职进行有声节目的制作之前，一定要考虑清楚，客户和听众看重的是你本人、还是你背后的公司？假如换成其他人，这种合作关系是否可以维持下去？如果你自己的创业平台给客户提供服务，是否能达到和之前同样或者更好的效果？不确定的时候，不妨用好占位积累的思维，从播客开始起步。

我所了解的许多传统媒体人都是经过占位积累，然后再慢慢转型的。对于大部分并没有传统强势资源和经验的人来说是一个很好的参考，既然比你强的人都在走这样一条路，为什么你一开始起步就要辞职来做并投入那么大的资源，还对播客创收报以很高的期望呢？

我认识一个主持情感类节目的朋友，他自己做节目的时候都会录制一份，然后把录制的节目放到播客平台上，既对自己的节目起到一个传播的作用，同时也让更多的人了解到他本人。当时在播客平台上没有他这样类型的节目和高质量的主播入驻，于是获得了很多的关注，这也转化成为了他在创业之后的第一批粉丝。

有了占位思维的指导性纲领之后，接着就是要洞察和关注并快速行动，当你擅长的内容在播客平台上是"人无我有"的时候，这就是天赐的占位机会。

什么是"占"位积累的思维？

现在我们看到那些成功的内容生产者，他们总是走在所有人之前先行占位。当人们还没有做 60 秒语音的时候，罗振宇已经做了；当人们都开始做音频的时候，他又转移了自己的重心，去研发"得到"App，这就是拥有占位思维的人，他的行动一直都在引领着大家。

播客是为了测试你的声音内容定位是否是"人无我有"，而不是为了让你在播客的竞争中脱颖而出。当"人无我有"的内容上线播客平台后，通过这样一个免费的平台把自己的方向和内容进行一个小范围的测试，获得评论数据。没有人能一开始就出爆款，你看到的爆款都是经过不断修正后得出的一个接近完美的产品。测试并记录下来，获得的反馈数据如果接近于"完美"，你就要把它快速地移植到更大的付费平台上去。

因为是经过测试的产品，心中更有底气，移植到付费平台上时，经过进一步的传播，有一定机会可以获得更大平台的支持。如果在更大的付费平台上，你的内容引起了关注，并且是"人无我有"的内容，这就是 IP 打造可遇不可求的点，要快速借助和听众的接触建立起深度的联结，稳稳地占好位置。然后通过每一个听众的分享让大家参与进来，建立可触碰、可拥有、和听众共同成长的 IP 品牌。

共同创作内容曾经是专业人士才能从事的活动，如今任何人只需打开一个直播软件，选一个话题就可以开始探讨，通过鼠标、记录声音的软件和键盘就能轻易地完成。

互联网的本质是平权运动，当然也包含话语权，网络出版大众化的时代已经到来，无论是文字还是音频，都离不开消费者的参与和推动，何不把播客作为信息的反馈渠道，用于和消费者一起打磨内容、互相督促、提升行动力呢？

有人说为什么不先做品牌节目呢？对于很多人而言，可以变现的付费知识平台只会给你一次机会，前提是你的产品有数据支持。而拥有不同程度话语权的人，发力的先后顺序当然不同，因此，从自己的实际出发最重要。

要点 22：打造专业的网络有声节目

时机窗口不能错过。

做事可以埋头苦干，成事一定需要"借力"最好的时机，播客升级到品牌节目就是需要借力的过程。不是当下所有流行的话题和风格都需要跟风，如果不是和自己风格、特点、擅长方向匹配的话，有时候并不是一个好时机，反而是一个"伪"时机，会消耗掉你所有的内驱力。

别人做什么不一定要跟着做，尽管周围会有许多盲目跟风的声音，但是在你的网络节目没有彻底引爆之前，作为主播需要耐心、信心，更重要的是有平常心。

所以，把握时机是要等到合适的风向，换句话说就是时代流行的元素和自己特征、风格匹配的时候，节目才可能拥有比较强烈的反响，才可能会形成品牌节目，也可以理解为踩中了打造 IP 的点。

打造专业的网络有声节目，并且让它进入头部领域，成为IP节目是需要时机的。在时机来临之前，作为主播要坚持一个原则"不懈不怠"，做网络节目并非只是把自己的内容变成声音并放到播放平台上，还需要观察和耐心地"等"。

某电台于2018年开启了主播招募计划，并为获奖主播提供专属的版权资源、资金与培训等支持，同时和电视台、电商等打造主播IP，让主播从幕后走到台前。这一系列的动作可以看出，音频平台也在挖掘还没有被其他竞争者发现的网络孤点，这些网络孤点节目的市场潜力巨大。

平台公司评判是否具备成为IP节目的维度，并非只从节目是否跟风的角度上看，这个维度是多元的。平台公司更希望看到你过去做了什么，做成了什么，未来会坚持做什么，这些表现是否已经形成了稳定的顾客认知。平台公司的策略是，一旦某个人或节目形成关注，立即集合所有资源将他推向顶峰。如果这些你都已经提前布局，并且坚持输出，那么我想不出有什么理由，你的网络节目不会被选中。

坚持持续系列化产出。

占领听众认知后还要不断加强，有了爆点还要能够持续发力，才能在更大的空间和维度爆发。主播想要打造IP内容，需要把握住自己的爆点方向，节目的创作方向以此为基准向外拓展。当我们做好了第一步的内容力构建之后，还要进行多维度开发。IP虽然是联结的结果，但是产生联结的契机是这些提前预设好的内容。我们如果想要构建IP，就不能简单解决当下的痛点，还要围绕这群特定的人群，想到未来会遇见的"需求"，要做一个内容"工厂"。

只具备单一联结的内容成为大IP的可能性比较小，因为IP联结了很多东西，一个好的原创IP具备多次开发的潜在价值，可以延伸到不同领域，如音乐、戏剧、电影、电视、动漫、游戏、直播等。一个具备市场价值的IP一定是拥有巨大变现能力的东西。

必须用持续的高质量产出进一步捍卫和巩固IP价值，《爱情公寓》有5季电视剧，现在还要出电影，这就是系列化产出。总之，有爆点还要能够持续，才能打造出更大规模上的爆款IP，等待更大的风口和时机爆发。

一定不要忘记，从小众到大众是内容与听众交换的结果。在互联网文化领域，每一天的耕耘都是在"存钱"，爆款只是你本金的"利息"。

要想获得这部分"利息"，构建品牌内容力的先后顺序就不要混淆，当个人形象作为生产力不够突出的时候，很难以个人名字作为IP，内容作为IP之后是否会忽略个人，其实人的IP价值和内容是共同成长的。

要点23：洞悉声音付费的本质，打造持续营收模式

当熟悉你节目的人越来越多后，把自己的品牌节目发展成一项可以持续营收的生意，先垂直地孵化付费内容，肯定是最重要且迅速的收入来源。抓住本质才能持续做正确的事，付费有声节目的本质，是把产品或服务变成声音，让听众通过声音可以获得同等价值的回报。

消费者从未停止过为知识付费，人们花在纸媒体上的时间和金钱都不少。付费有声节目的出现，只是以声音的形式提供产品或服务，以实现商业价值，并没有改变人们付费购买的本质。

新媒体时代下的有声节目，和以往人们熟悉的纸媒体"出售"产品、服务的不同之处在于，声音服务的"出售"效率更高，抵达更便捷。因此，想要垂直地孵化出成功的付费内容，首先要钻研过去"出售"的那些产品、服务，有哪些与你的方向相同，这些产品与服务是否存在可以提效的部分？如果有，这将会是你进行有声化创作

的成熟选题！因为不管是文字形式还是音频形式，人们为知识付费的动机始终如一：便捷、节约时间和金钱、体系化。

如何让听众为你的垂直内容付费？"找到成功的模式，照着做"这是新加坡之父李光耀先生长期坚持的原则，也是他一生中反复对媒体讲的。巴菲特的搭档查理·芒格强调，对于想要少走弯路的人来说，李光耀先生的建议是捷径。

垂直孵化的付费内容可分为两大类：陪伴型和获益型，这两类产品又有各自的侧重点。现在，就让我们抛开"我做不到"的心理定式，开始具体地思考付费内容怎么做吧。

陪伴性声音产品怎么做？

过去的陪伴性产品几乎就只有电视机，现在随着智能手机的普及，人们已经把智能手机当作了资讯收发机，它也决定了听众会在更多的场景下去解决陪伴的需求，一边健身、一边开车、一边做家务，或者陪伴孩子，智能手机就解决了你的陪伴需求。

场景重构并以听众需求为中心后，内容也就必须以听众为中心，陪伴性的需求是一种非严肃性的需求，这时候主播的特质就不能一本正经，展示自己严肃的一面，而是需要一种娓娓道来的感觉，具有幽默的语言、发散的思维、独特的思考角度、丰富的内容，这种风格最受听众喜欢。

因为听众需要的是有一个朋友一样的人，打开手机随时就能和他互联，你在手机另一端扮演的陪伴者就是这样的朋友，而不是那种说教似的陪伴。需求弄清楚后，如何做内容就非常清楚了。

这种类型的产品如果像站台上演讲、朗诵、念稿的风格来演绎的话，一定会失去听众的。和传统演绎方式不同的是，做陪伴性产品的时候不需要控制时长，也不需要特别去提炼干货，你只需要持续地说就行。但是，你需要有大量的知识储备，因为这一类产品要带给听众一种视野碾压的格局，兜售的就是你对生活的认知。用一种娓娓道来的方式传递给听众生活中的方方面面，在这里能够获得一种你知道但听众不知道的价值观，什么是对的，什么是错的……这些都是价值观的输出。

最典型的例子是高晓松的节目中提到他换了 100 本护照，和世界顶级音乐家一起吃饭……并非人人都要有这样的经历，但是每个人都有自己最擅长领域的经验，更高的视野格局和正向价值观，这就是领先于别人所必需的。

获益性声音产品怎么做？

其实就是反问自己，怎样才能稳定地满足听众的预期，怎样精准地给予听众答案？要达到获益性产品的标准，主播要对自己至少提出这些要求：

1. 结构稳定大于随意发挥，要有逐字稿

对于一个听众最重要的是想知道自己每期能收获什么，哪些能用得上，对于你讲得多好，听着多开心，不是那么看重。

2. 抓住碎片化时间场景

听众不会刻意找出时间安静下来听你的内容，听众收听的场景一定是多样性的。比如一边健身、一边开车、一边做家务、一边哄娃、一边听课等，因此必须要抓住碎片化又能持续维持注意力的时间长度。音频时长的设计也需要迎合碎片化的时间长度，尽量控制在 7~10 分钟，在这些场景中，人们集中注意力的时间不会超过 10 分钟。

3. 让听众有应用场景

这决定了听众的完读率和推荐率，这才是完成了"摆渡人"的作用，让消费者站在有趣有料的巨人肩膀上。

4. 让听众建立对这一领域的框架体系，满足完整预期

产品要有体系，结构要统一，知识点要密集，才能让听众有收获感，学完之后至少让听众能解决一些具体问题。

已经知道产品如何做了，你还在犹豫什么？

阿基米德说："给我一个支点，我就能撬起地球。"这种支

点性的思维非常重要，不管是通过声音还是卖产品来赚钱，又或者通过直播来赚钱等，你必须要想好自己的支点在哪里，我今天跟大家分享一个能够快速找到支点的方式——你的兴趣。

通常很多成功人士都会从自己的兴趣出发，或者从自己的特长出发，因为这是通过自己的优势来竞争。你可能觉得没有好的想法，也没有特殊的技能能够帮助自己成就一番事业，你所拥有的疑惑和其他人一样，大家都被疑惑深深地包裹住而迟迟不肯行动，也不相信自己创作的内容会被别人发现。

我认为每个人都拥有创业所需的内容力，可能你自己并未发觉每天看似平淡无奇的日常生活，实则可能带来很多创业话题。但现实情况是很多人虽然希望通过内容创业，但却不相信自己，迟迟不行动。

"我没内容啊！"

"把养娃的开销记录下来，以及如何比别人更省钱的生活技巧记录下来，就是内容啊。"

"目标人群呢？"

"你关心的话题，也是和你一样有着同样场景的听众关心的话题啊。"

"亮点在哪里呢？"

"你花这么少的钱把娃养得这么好，就是亮点啊。"

其实我们不是害怕行动，我们害怕的是行动后没有带来预期的结果。有人也许会说："关于声音的内容点很好建立，每个人每天都需要声音，但我不知道自己可以写什么。"但事实上我的"声音支点"并非一开始就显而易见，我上大学时开始接触到配音这个领域，和我同年级的很多人并没有这个意识。这个内容点是如何建立起来的呢？有一种成功模式的探寻来源于日常生活，可能给你带来很多创业话题，或许你就是拥有多项技能的"专家"，我自己的故事开始于和别人日常说话的启发。

就拿我自己来说，我找到自己的支点，是因为很多人反馈说："你的声音除了有点稚嫩之外很动听。"这是我遇到频率很高的一句话，这就是我的甜蜜点，所以一定要重视听众的反馈，因为甜蜜点可能会是未来激发你的垂直领域深度的一个跳板。

根据我的兴趣和内容支点，我的内容策略定义为：声读文化公司，是由知名声音教练、配音演员涂梦珊老师创建，专注于中高端声音魅力提升、演讲表达、高效交流、技能提升等与职场人士有关的内容服务及消费产品。

当我找到和构建了内容策略主线后，便开始思考下一个问题：如何把这些内容触达给听众。

如何把这些内容触达给听众？

当产品制作完成后，就要开始进行商业化运作，思考如何把这些内容传递给听众。于是我开始构建自己的听众触达策略，当听众触达策略建立起来并不断优化后，才打造出了自己的持续营收模式。

在构建自己的内容策略时，我依然沿用李光耀和芒格建议的思路，即"找到成功的模式，照着做"，然后发现了一个省力的方法：

先找到那些已经把兴趣变成商业架构的"老师"，有一天我看到了一个专做旅行的自媒体人，介绍他公司的业务——专注于中高端的旅游、时尚服装、出行方式等与旅行有关的内容、服务和消费产品，并且做得非常有影响力。我于是开始照着做，其实很多好莱坞电影公司的编剧，也会用这种"移花接木"的方法，创作让消费者欢迎的内容。

漫威之父斯坦·李，也很善于用"移花接木"法创作受消费者欢迎的内容，《蜘蛛侠》的诞生就是如此。曾有记者采访他如此高产、高质的秘诀是什么？

斯坦·李回答说："一开始只是有这么一个想法，我愿意观察生活中的一切，有一次看到家里的壁虎趴在墙上，那我想接下来就写一个叫壁虎侠的英雄吧。但又觉得壁虎侠这名字好像不太适合电影，超级英雄的名需要更有冲击力，于是就运用'移花接木'的方法，把家里的'小生物'们一个一个地念一遍，比如猫咪侠、蚊子侠……突然，看到一只蜘蛛，然后念蜘蛛侠，感觉这名字棒极了，于是就迅速记下来，蜘蛛侠就是用这样的方式诞生的。"

我一边听这段访谈，一边运用"移花接木"法，在自己的脑海中模拟"嫁接"，并把这段嫁接后的文字在心里默念出来：

"声读文化公司，是由知名声音教练涂梦珊老师创建，专注于声音魅力养成、演讲表达、高效交流、技能提升等与职场人士相关的内容服务及消费产品。"

一段清晰的介绍不仅可以帮助别人迅速了解自己，还能让自己更理解自己。随后，就是把公司的定位介绍和产品内容运营出去，传递给更多消费者，引导消费者和自己达成共识。

整个过程的源头就是自己首先构建出的内容力。所谓内容创业，就是主播构建出内容力后，并顺着内容力延伸并引发更多模式，只有有了内容才会有更多联结能力。

紧接着，我开始思考"联结"的效率。首先是向有经验的先行者学习，看别人是如何与听众建立联结的，找到成功模式后迅速复制是最有效率的方法。对方是一个内容生产公司，我们也是一个内容生产公司，只不过我们生产的是不同领域的内容，渠道和策略完全可以相同。当读到下面这段介绍时："公司以视频、图文直播等形式传播原创内容，覆盖社交、资讯、直播等20多个主流平台，与大家交流旅游心得以及旅行中的趣事，更有美妆护肤等内容分享。"我发现这20多个主流平台，就是听众的触达渠道，于是迅速与这20多个主流平台建立联系来推介自己的内容。

为什么"找到成功模式，然后迅速复制"这个方法很重要？因为成熟公司的拳头产品、触达策略和精准布局经过了反复的验证，成熟公司得益于对自身成功经验的复制。初学者的劣势是缺乏大量的有效实践，但优势是起步负担小，试错成本低，学会扬长避短才能小步快跑，加速迭代。

刚开始创作时，大部分内容初创者对这三方面都不是很清晰：

1. 内容定位

定位不清晰，就很难给听众留下记忆点，更无法顺着记忆点不断强化自己在听众心中的人格化特征，也就很难持续打造更多围绕自己人格化特征的变现内容。

2. 听众画像

如果内容做出来了，但是却不知道要对谁产生影响力，换句话说就是，自己的目标人群不清晰，就不知道和谁交换，无法通过交换拿到自己的所需。每一个人都只能对特定人群产生影响力，例如父母的偶像一定和我们的不同；父母喜欢的文娱方式，也一定和我们喜欢的有所区别。这不仅是时代审美的变迁，也是人性中趋同性的显现，听众画像就是趋同人群的画像。

3. 触达方法

虽然主播需要影响力，需要变现，消费者运用主播的方法解决问题，但因为内容无法触达，也自然没有下一步的变现。我们都希望具备可持续的变现能力，换一种新颖的互联网说法就是，我们都希望自己成为人格化的 IP。因为人格化越突出，听众对主播的辨识度越强，辨识度就是竞争力，他们出什么周边、推荐什么、代言什么，大家都会拼命消费。很多内容生产者的商业变现能力甚至已经高于内容生产能力。

IP还意味着联结和延伸。主播可以从内容创业进行启动，但是最终的联结和延伸成功后，本身的 IP 价值才会真正显现出来。而内容创业者的风险之所以很低，就是因为主播从内容角度，去构建出和特定人群的潜在联结力。通过成功模式已验证出的触达策略，在自己脑海中建立起商业模式的运转框架，才能具备生产垂直领域内容，塑造 IP 的有效能力。

无论主播选择的是哪条变现赛道，在这三方面有了清晰的思考，每打一招出去，招数才能击中要害。因为只有当主播针对听众的痛点，构建自己的内容力和触达策略后，有相同痛点的听众才能主动找到自己，小步快跑时也能少走许多弯路。

能坚持下去的人总是少数，放弃是太正常不过的结局了。只有做自己真正热爱的事并能及时看到回报，坚持下去才不难。有某种独特性需求的个体汇聚起来，就会产生整体的趋同性需求。这份整体的趋同性需求和我们的个人兴趣之间一定有一个交叉点，这个交叉点将会是我们的阿基米德支点。

"我真的不知道做什么内容适合我。"这是学员咨询时经常说的一句话，当觉得自己不知道做什么内容时，无助感就会随之而来。这时我会建议对方："先别想那么多，找到自己兴趣领域的成功模式并迅速复制，就是减少走弯路。与其让犹犹豫豫、患得患失的情绪影响自己，不如在追寻别人脚步的同时就让自己获得及时回报和奖励。"

要点24：持续问自己，能为听众解决什么问题？

只有能解答听众"陪伴性"或"获益性"问题的主播，其声音内容才会是"硬通货"，其"声命力"才会持久。

一个内容创业者从0到1的过程，就是持续解答听众问题的过程，也是一个主播构建自己内容力的过程。随着为听众持续生产内容增多，主播自己也会逐渐成为某一个领域的专家，构建起在垂直领域的影响力。

很多主播一开始会主观地"设想"开启一个人无我有的方向，认为这样会更有竞争力，其实这是一个美丽的"陷阱"。"人无我有"也存在两种情况：一是变现能力弱，二是一个实实在在的痛点还没有人做出来。前者是陷阱，而后者才是馅饼。

主播需要寻找的是后者，因为找到了后者，意味着主播把握住了听众的核心诉求，先于他人帮助听众表达出来，主播将领先他人生产出"畅销款"的声音产品。但前提是要保证这个诉求是听众真实存在的核心诉求，且自己不知道。持续问自己"能为听众解决什么问题？"才会让主播走在第二条正确的道路上，否则，主播将会花大量的成本培育听众，这是吃力不讨好的工作，听众不需要接受主播的价值观，听众需要主播代替他们传播自己的价值主张。

什么东西"畅销"就说明这件物品满足了听众的隐藏痛点，代表了购买者的核心价值主张。企业和个体一样，都需要找准一群人的隐藏痛点，再把痛点转化成产品后，售卖产品获利。比如，早些年的日本，国内到处都充斥着 LV 之类的奢侈品，这是因为连续二十多年的经济繁荣，人们购买力旺盛。但从 90 年代开始，日本的 70 后开始进入职场，这一代人和上一代人的购买力相比没有那么高的消费能力，核心诉求也不同，他们希望穿戴"有时尚感、耐穿，但是价格又不昂贵"的服装。于是，优衣库洞察到年轻人意识中的转变，给自己定位为在中低价位上提供品质和设计都令人满意的服装，优衣库因为满足了当时新入职场年轻人的价值主张而大获成功。

再举个例子，我在 2018 年加入了讲书人行列，并成为声音最动听的讲书人之一。同年，我开始写作《如何练就阅读力》一书，分享自己成为讲书人的经历。2018 年 9 月，讯飞阅读发布"定制声音"功能，听众可以用声音录制 10 段指定文本，然后把自己的声音在后台上传，上传后系统会自动采集录制好的声音进行处理，处理后的声音会成为一名读书主播的声音，听众可以为自己读书。虽然讯飞阅读这个例子中的主播是一个机器人，但它的立足点也是为听众解决问题。这个功能解决了听众读书的陪伴性和获益性诉求，我作为讲书人解决了为听众拆书的获益性诉求，读书会解决了"带领听众一年读完50本书"的获益性诉求。

2018年，国内几大读书类组织都获得了高速成长，为什么围绕着书能产生这么多的切入点？并且蛋糕能迅速地被做大？因为听众一直都需要自己价值主张的代表者和解答者。一名主播要明确自己成功吸引听众的关键要素要么是别人没有的，要么就是别人做得不足的地方。把这些关键要素持续记录下来利于自己复盘，从免费节目到收费节目，从免费服务到收费服务的转变就有了保障。

只有通过持续问："能为听众解决什么问题？"主播才能够保证自己从听众的价值主张和核心购买动机出发，慢慢地生产出自己的拳头产品，找到自己的商业模式。世界上不存在一个完全无人知晓的方向，相反，有的却是由于人们太熟悉了，而认为这个方向不值得去做。

洞察出人们内心的痛点就是主播或商业组织的功课，找寻人们痛点的过程就是持续自问"能为听众解决什么问题"的过程，就是发觉人们头脑中隐藏的"日用而不知"母体的过程。构建个人内容影响力，打造个人品牌形象的过程就是通过自己对内容母体的洞察、呈现、设计和推广的过程。

无人知晓意味着自己要花费大力气"培育"市场和"教育"听众，单凭个体的力量很难做到。更高效的方式是从人们本来就记得、熟悉、喜欢的符号里去找寻，这些符号是蕴藏在人类文化里的"原力"。可以从和自己生活高度相关的角度开始练习，想想看哪些事情是自己每天都会做，每天都必定重复一次以上的事情，这些都会是原力的沃土。自己再尝试设计一档可以承载它价值主张的节目，自己就具备了一把"好牌"，之后就可以开始准备和平台联系与洽谈。

企业一直在持续寻找听众们需要被解决的诉求即痛点。尽管过去两年来，为内容付费的听众数越来越多，和庞大的听众体量比较起来，付费听众的比例仍然不高，声音领域的变现仍然有着巨大的市场前景和空间。以喜马拉雅FM为例，截止到2017年，喜马拉雅FM共有3500万的付费听众，但这一数字在4.7亿的总听众数中占比仅为7.4%，相比于企业每年支付的版权采购成本和运作成本而言，还需要继续转化平台的付费听众数。

因此从企业层面看，在为声音内容付费的生态中，合作企业也需要这些被主播洞察的"痛点"。日渐增长的版权价格，加重了音频平台的成本负担。近几年来音频版权价格在不断地上涨，尤其是一些头部IP，其版权价格甚至会比市场平均价格高好几倍。有声书的售价本身就不高，相比于有声书的售价而言，过高的版权成本无疑挤压了有声书的利润空间，打击了运营者的积极性。运营者想要依靠有声书获利更多，必然依赖于更多的付费听众。

痛点能为平台带来更多的付费听众，当主播有了解决方案后，就可以和平台建立联系，一起打磨节目并尽快上线，借助平台的力量，建立和扩展自己的影响力。只有洞悉付费的本质，才能持续做出正确的事情。

第四章 从雏形到爆款，从"丑小鸭"到"白天鹅"

——对齐标杆产品，打造自己的"爆款"产品

有了产品雏形后，如何将其打磨成一个正式的、成熟的、可售卖的商品？苹果公司交付的第一个订单是这样的：50台没有电源、没有外壳、没有显示器也没有键盘的电脑，而且只能销售给电脑发烧友进行二次组装。这和今天的苹果产品比较起来，一个是"丑小鸭"，一个就是"白天鹅"。如何突破创业"黑障期"，实现产品从"丑小鸭"到"白天鹅"的华丽转身呢？

要点25："谢天谢地！节目总算做出来了！"

要点26：那些爆款节目原来的样子

要点27："丑小鸭"为什么丑——不成熟产品的缺陷

要点28："白天鹅"美在哪里？——爆款的诞生

要点29：有声产品的打磨与包装

要点30：翱翔，在有声的天空里

要点 25："谢天谢地！节目总算做出来了！"

一天，一位节目终于上线的朋友分享感慨："经过 4 个月地打磨，我做的课已经上线了，真心谢谢每一个支持我、鼓励我的人！回想 4 个月来，常常在孤寂的白炽光下码字，从 10 几万字修改到 3 万字，再到最后录制阶段，经历各种困难，这是逼疯自己的节奏。当课程呈现出来时，那些日夜也变得令人怀念！我期待下一期做得更好。'世界上没有平坦的山峦，想要登顶需要爬过陡峭的山脊'，山很高，路也还很长，坚持向前！"

这段感慨很有代表性，从产生想法到做出节目是一大步，从完成节目到做出好节目又是另一大步。所谓好节目，就是让听众的理解成本低的节目。虽然这两步间会有一段时间"黑障期"，但也无须过度担心，我们需要的只是多一些锻炼让自己熟能生巧，用系统性章法不断微调，就能完成从"丑小鸭"到"白天鹅"的蜕变。

第一版内容的十几万字，就像乔布斯的第一代苹果电脑，"没有电源、没有外壳、没有显示器也没有键盘，这只能销售给电脑发烧友进行二次组装。"主播需要对冗长的内容进行"二次组装"，换句话说就是主播需要提炼内容来降低听众的记忆和理解成本。主播仅带来新知可不行，还要保证和听众自己理解相比，听主播讲述更能节省听众的时间成本。否则听众对节目的评分一定不会高，节目推向市场后也必然会"遇冷"。

耗时4个月，从十几万字修改到3万字，就是对听众时间成本的节约，也是节目产品的升级。正如苹果公司的第二代产品，相较于第一代产品，已经不再需要听众自己组装了。4个月的打磨奋战，可以说是产品从雏形到诞生的正常工时，打磨知识付费产品，必定会经历这些过程和必要劳动时间，以达到让自己主讲的内容既清晰又系统，表述干练、干货足。即使这样，这3万字录制完成，还不能直接发布，还需要经过内部试听测试，就是发布给第一批"种子"听众，再根据"种子"听众的反馈进行优化，更新迭代自己的节目。经历完整个过程后，才能确保避免主播自说自话，不接地气。这就是"重新交付"的过程，换句话说就是节目从"高冷"到"通俗"的过程。

"重新交付"的过程如下：

第一步，删减初稿中的"废话"。

什么是"废话"，简单来说是对吸引听众注意力没用的话。

对这部分废话，必须要用"淡化"技术处理它：删除表达中过度渲染的表述，否则很容易让听众觉得主播在掏心掏肺地说教。如果主播无法保证自己的故事、例子足够有料，那就删减掉过长的渲染性语言，让表述更纯粹、更精炼，这反倒是更好的选择。

对于付费产品，听众期待听到什么样的内容呢？简单两个字：干货。

所谓"干货"，就是既要有量，还要有质。量是长度，质是价值点的密集度。怎么量化"干货"？用文字比例来测试内容的干货率，如果全文3000字，最终总结出的价值点只有3句，字数不超过100字，说明这3000字的音频干货率只有3%左右。

3000字的稿件录制成音频后，音频长度大概13分钟，干货率仅3%左右，这说明主播在分享知识点时，对此内容的讲述渲染过度，说了很长一段听众已知的"废话"。并不是说不能做长音频节目，但是需要主播在长音频中准备好更密集的价值点，保证干货率。

价值点就是让听众觉得有料的"冲突点"，它们能为听众带来冲突感，除此之外都属于渲染过度。所谓故事、例子有料，就是指听众没听过或者和听众的常识相悖。"不知道"和"没想到"是最基本的冲突感，不满足这两项冲突感的故事与例子，都要酌情添加。做节目要顺应人的心理，大家首先只对自己"不知道""没想到"的例子感兴趣，兴趣被激发后，后续的信息输入通道才能顺利打开。因此，主播必须先于听众去反问自己，这个故事和例子是否满足这两点基本冲突。

除此之外，主播还可以在策划节目时，一开始就给自己设定节目时长"最大值"为7~10分钟，对内容时长进行严格控制，以此来保证自己的干货率。对于大多人的碎片时间，7~10分钟一期正合适，严格遵守"超时就返工"的策略，一定能检查出不少"废话"来。如果任由自己随意发挥，节目内容过长，没有"裁剪"和"设计"，就不能持续制造"冲突感"和"惊喜感"，听众也因此容易产生倦怠，选择暂停或退出收听，反而得不偿失。

人或多或少都有一些完美主义倾向，换句话说，就是体验不够完整时，心里就会抓狂。比如在生活中，错过了电影开头，会想重看一遍；读文章时仅因漏掉一小段话，就误以为可能跳过了重点，影响对全文的理解。当听众自己无法坚持听完而导致主播的节目完播率不佳时，听众一定会感觉到自己"获益感"太弱，从而对主播及其课程的印象产生滑铁卢式下滑。

任何解释性的语言，都可以像声音的音长一样，长短由自己控制。文字的表述可以丰富也可以精炼，同一个意思可以赘述也可短答。主播平时就要练习既能紧凑又能松散地切换模式，把同样的内容换成不同的方式表达出来，甚至可以切换成不同模式制作出两份完整的内容，让核心听众先全部试听。直接将录好的全版本给听众进行验证，比单纯思考到底选用哪一个版本更容易得到具体的建议和答案。

随后搜集听众关于价值点的密集、表述方式的风格、代入感的强弱等方面的建议，综合起来重新录制，这样，就能确保让听众的收听体验得到提升。

第二步， 主动提炼和突出课程的精华。

有了第一步的基础，才能提升听众的"获益感"。

所谓"获益感"，就是听众听完后记住了多少。记住得越多获益感越强，听课后的心理满意度越深。作为课程的"核心人物"，主播把自己当作消费者，先于听众主动测评自己的"干货率"，先行了解内容够不够干，货够不够多，价值点是否密集。这只是基础的第一关，过完第一关后，紧接着还需要对内容进行二次梳理，有意提炼和突出课程的精华并向听众做出提示。

二次梳理的本质，就是让听众对更简洁的内容产生较轻的记忆负担。第一步梳理是对非重点内容进行"淡化"处理，第二步梳理是对重点内容进行"加重"处理。

人的注意力是先期集中，后续逐渐递减的。小时候我们听老师讲课时，每当老师提高声调提醒"同学们请注意，这是重点，这是必考项"时，我们必定会立刻提高注意力，在课本上做出醒目的标记，这说明每个人都希望能直接获得关键点内容。

虽然音频节目中不需要用教科书式的严肃语言来提醒，但作为主播，却依然需要用一些"声音提醒"来促进听众记忆。这些方式包含：稳定的结构、求证过的案例、与常识相悖的"反差"、加强的提示音，它们都能"加重"呈现音频内容里的重点。

主播的工具箱里，要经常备有稳定的结构、求证过的案例、与常识相悖的"反差"、加强的提示音这四个工具。具体做法如下：

1. 稳定的结构

稳定的结构通常指：标志性的开场，固定性的长度，总结性的结尾。比如，我在自己声音课的开场会加上一句："好声音就是好形象，让声音成为你的加分项。"在结尾会加上："接下来，我们来进行本节课的影响力小结。"

2. 突出关键点

突出关键点就是固定好关键点的出现位置，比如可固定在每一段落的开始和结束位置。

3. 举例的真实性

举的例子要熟悉，更要真实，举例是非常容易遭听众诟病的地方。

分享一个真实的故事，我有一个朋友是知识付费的重度听众，每年购买知识付费产品金额在 3000 元以上。

有一次，她对某互联网大 V 出品的知识付费课程进行反驳，反驳点是其中的案例不符合实际。因为课程第 5 讲里为了解释沟通学的一个概念，描述了一位人力资源总监和应聘者的沟通场景。她觉得为了迎合概念而举的例子完全不符合人力资源总监的常识，只要是稍有职场经验的人，就能判断出这样的沟通方式不可能真实发生，这是为了说明概念而牵强编造出的案例。

在发布前，主播和课程编辑都没有检查出内容问题，但至少应该找一位资深的人力资源从业者，或者找负责人力资源的同事，咨询一下这样的场景是不是会发生？什么情况下发生的？避免这类情况出现。

4. 提示音效

提示音效即"听觉锤"，就是为听众提醒精华所在的，适当加入一些固定或有辨识度的提示音效，可以形成"听觉锤"效应，用声音提醒听众重点语句即将出现。关于这一点，可以通过后期制作的设计来完成。我个人就比较喜欢在开场白和各知识点小结时，加入转换音效，既清爽简单，又在需要听众重点注意的地方形成了"听觉锤"提醒。

有了这些"声音提醒"，对时间效率要求比较高的听众，就会根据主播稳定的结构，提前判断出内容重点所在，进而跳着听。比如，一旦听到课程关键点总结提示音出现时，听众就会条件反射地更集中注意力，这就像听到老师说"这是重点，送分题"的提示一样，满足了听众对获益感的追求。

主播或多或少都会有过度渲染的时候，但即使偶尔没控制好，也给了听众一个无须遵循单一时间线的体验，听众自行跳跃时又不至于找不到重点，这个善意的声音提醒，将让听众的学习更轻松。这样一来，每节课 7 ~ 10 分钟的标准音频，"急性子"的听众通过听重点的方式差不多 2 分钟就能听完并理解，"慢性子"的听众也能慢慢体会，两者互不影响。

二次梳理后的再呈现，唤起了听众"意犹未尽"的情绪，从而迫不及待想听下一条，让信息理解的门槛变得更低，背后都有着用心的"设计"。

要点 26：那些爆款节目原来的样子

多数节目原来的样子是比较"高冷"的。"高冷"指的就是内容的思想性太深，描述的语言不够直白，一味突出格调和学术的品位，导致听众听后觉得缺乏烟火气，无法和生活中遇到的实际问题相关联。

从"高冷"到"通俗"的过程，就是降维打磨的过程。"俗"并非指内容不好，而是表述的方式简单明了，举例贴合生活、有烟火气。做到"通俗"才能让听众感受到它和自己的生活息息相关，让大多数人组成的市场喜欢它、接受它。过于"高冷"，导致的结果是只有少数人才能读懂它。可以说，只有足够的"俗"才能有足够多的听众。

有没有办法可以让 7～10 分钟的课程内容，全程都具备老少皆宜的通俗性呢？当然可以，这时需要再对第 1 版内容做一次全面的 X 光检查，检查的目的是确保自己不要陷入"知识的诅咒"。一般具有专业知识的人，很容易忘记没有此类背景知识的人是怎么思考和感受世界的。"知识的诅咒"对于主播来说是另一个美丽的陷阱，这种陷阱会让自己沉浸在自说自话中，而无法进入听众的内心。

有一次我在大连演讲，有一位读者问："我的苦恼是通过自己的兴趣不能赚到钱，所以被迫转入一个自己不喜欢但收入尚可的行业。我注意到你是从会计到声音领域的跨界，我原来学的专业是绘画，现在从事新能源领域相关的工作。我想知道，过去学的这个专业和我现在所从事的职业，怎样才能将它们进行更好的跨界整合？"

我回问："你是不是希望自己的特长、兴趣能够对自己现在的工作有所助益？"

他确认说："是的。"

于是，我更加详细地介绍了如何找到从会计转入声音领域的破局点：除了找到市场所需的声音卖点之外，让自己不要犯他人同样的错误就是进步，我只是尽量避免陷入很多声音领域从业者所犯的"知识的诅咒"，把"知识的诅咒"变坑道为跑道和优势。大师只说平常话，简单易上手的内容才更容易被大家认可，我相信你也一定能找到绘画和新能源知识科普的交叉点。可以利用自己的绘画特长，让有距离感的新能源知识因你的漫画而变得可读性强，降低读者的理解成本，让读者能更快地理解新技术给自己生活带来的好处。

可以说，每个行业对跨界的人来说都存在着鸿沟，这个鸿沟里隐藏着很高的理解成本。为听众降低的理解成本越多，内容的通俗性就越强。如果第一代产品推出后，没有总结产品在市场"遇冷"的原因，说明依然没有看见这其中的"鸿沟"，而坚持用自己的专业语言进行知识传递，也就只能获得少量发烧友的支持，无法赢得大众的青睐。

知识不能够被塞进大脑，知识只能被大脑吸收。我们必须要了解大脑吸收知识的规律，才能适应听众的理解规律，让产品受到听众的欢迎。在浩渺的内容海洋中，听众首先只会对与自己强相关的内容感兴趣，和自己没有"强"联系的知识大概率会觉得无趣。

这其中让内容和听众产生"强"联系的方法就是"勾连法"，高冷的专业知识经过"勾连"技术的转化，就能让原本枯燥的内容更轻松、更有趣味。很多领域的爆款课程主播，未必都是这个知识领域最专业的人，但他们却是最懂得"勾连"技术的人，是听众最信任的人，同时在听众的心中具有很强的影响力，并具备很强的变现能力。

打破黑障期，从"高冷"到"通俗"的四种"勾连"技术：

第一种，与听众认知规律的"勾连"。

认知心理学的一个重要发现是，长期的记忆依赖于对内容进行连贯层级的构建——环环相扣。授课者因为自身已经具备完整知识链，容易从主观设计者已有的知识结构出发，但"门外汉"

的认知规律却正好相反，换句话说造成"隔行如隔山"的原因是授课者的无心之过。解决方法就是，在课程体系设计时，先要从听众的认知起点出发，来思考听众在起点处到底需要什么？要常站在听众的角度换位思考，这样说他们能否理解，能否跟得上节奏？只有让初学者萌发兴趣的知识才是鲜活的知识。

第二种，与听众的注意力极限"勾连"。

当主播找到听众环环相扣的认知规律层级中掉了的那一环时，容易做过多、过密地解释。听众需要密集的价值点，但不能因为这个缺口而解释过多，否则会让听众的注意力掉线。

《如何练就阅读力》新书大连站巡讲结束后，我登录微博，看到大连的一位听众点赞我并且附上这条评论："今天第一次无意通过音频课程了解了珊珊老师，就被路转粉了，原因是声音好听，分享的知识内容密度够高，真正的授人以渔，我用购买新书的行动表示支持。"

大部分主播的语速是每分钟 180 字到 220 字，如果主播的声音没有什么变化性，想在这样一个速度下持续吸引听众，就必须要从内容上做文章，要让听众时刻感觉到听主播讲解一直都能吸收到有趣的价值点。这一点对声音变化性不大的主播来说非常重要，声音变化性不大就是速度平稳、声音没有感染力，容易让听众产生倦怠感，听众会觉得还不如自己去直接阅读书籍，人正常的阅读速度大概是 400~500 字每分钟，比听主播讲快多了。

什么是刚刚好的密集程度？换句话说，听众的注意力极限是多长？大概就是一分钟一个价值点，正常人的语速是每分钟180字到220字，在这些文字量中一定要抛出一个价值点，让听众感觉到每一分钟都能接收到对自己有用的信息，因此可以把这个数字作为检查自己逐字稿时的关键性指标。

21世纪，互联网的记忆是一周，人的注意力是15秒，这也是诸多短视频App多提供发布15秒长度视频的原因。只有当他对主播感兴趣后，才会去看主播超过15秒的长视频，而在长视频里，也会以每15秒作为一个价值点的切割单位，以最小单位来创作分镜内容十分关键。

第三种，与听众的习惯"勾连"，尽量使用短句。

我们都希望成为有趣的主播，要做到有趣，首先就要避免自己无趣。避免做的减分项之一，就是要避免内容死气沉沉、冗长烦琐。网络课程"短平快"，本身就代表了语句的短平快。

提到无趣，我们头脑中立刻会浮现出死气沉沉、冗长烦琐的说教模样。即使主播凭借声音比较动听又富有变化成功塑造了良好的第一印象，也不能掉以轻心。时刻提醒自己与听众的习惯勾连，就要注意"三不"：

不要用特别长的句子，遇到特别长的句子要拆散，聪明的主播要学会"扬短避长"。

不要过多地讲自己的故事，适当聊聊即可，否则会影响听众的获益感。

不要为听众设定收听场景，而是要顺应听众的收听场景。利用上下班通勤时间学习新知识，成为现代人的"习惯"，听众很可能会一边乘地铁一边听节目，而不是主播所设想的"安静时刻"。听众在通勤路上吸收的知识和方法，最短时效是期待当天就能用得上。在这样一个"内外交迫"的环境下，听众不可能有"安静时刻"的注意力，如果听不下去，自然也就谈不上吸收。因此，短句的使用更符合听众的收听场景和用语习惯，进而更能抵御嘈杂的外部环境，互联网节目的"短平快"除了语句之外，当然也包含了吸收与应用的"短平快"。

很多内容创作者完成第 1 版初稿时的语句都不够通顺，我们检查逐字稿时常常觉得逐字稿的语句太长，所以听众即使被主播的第一印象吸引，但如果用语太冗长会导致体验下降，中途也会离场，影响主播节目的完播率。不可否认，有的听众喜欢有学术品位和专业术语的内容，但大部分听众更喜欢的还是生活化的表达，这一点从节目的播放量可以看出。因此我通常会建议内容创作者们重新检查自己的句子，以句子为单位进行检查更容易发现问题。平时大家说话都喜欢用短句，但一旦落实到文字稿，就会不知不觉变成了难以理解的长句。

信息交流的载体是语言，语言分为有声语言和可阅读的书面语言。有声节目是属于有声语言，如果主播想建立和听众之间的交流感，短句必然更符合人们生活中的表达习惯。所以从准备节目逐字稿时，就要尽量顺从这一习惯，尽量把一个个复杂艰深的长句切分为几个简短有力的短句，以减少听众的理解成本。遇到比较难的内容点时，除了提醒自己运用短句外，还要提醒自己避免专业性术语过多，可以通过穿插着用有趣的案例来代替。如果内容本身是由一连串的专业术语组成，即使把长句拆分为短句，也必定会让听众觉得比较难以理解。

同时，主播还可以通过放慢语速或重复提醒的方式来引起听众的注意。价值点密集不代表主播语速要密集，放慢语速可以表示主播和听众一起听、一起在思考，从心理上让听众有一种参与感。听众可以利用停顿的间隙来回味和消化吸收主播所讲述的内容。

第四种，与主播自己的个性勾连。

趣味向来和重复划清界限，不管一句话多么有趣，说成百上千遍，也会变得索然无味。主播是有自己个性的人，而不是复读机。不妨和好朋友们进行一次交流，通过他们的反馈和描述，来获得自己的个性关键词，比如，语言生动爱用比喻、没废话、干练、段子多、故事精彩等，这些都是自己的个性标签。个性不应该成为条条框框下的牺牲品，而是要利用这些基本规则来放大自己的个性优势。因此，和主播自己的个性勾连，就是在检查逐字稿时，确保没有犯基础性错误后，重新"活化"文稿，把自己的个性化表达再次加入逐字稿中，避免像官方陈词一样呆板。

通过这四种勾连法，节目的通俗性就能获得保障，节目制作过程中最艰难的"黑障期"也就平安度过了。

要点27: "丑小鸭"为什么丑——不成熟产品的缺陷

不成熟产品就是不能授人以渔的产品。成熟产品应该既有局部的通俗性，又有整体的系统性。爆款产品的基因里之所以一定有"系统性"这个要素的原因有三点：

第一，系统性能满足听众对稳定性的追求。

"岁月静好，现世安稳"是大多数人的追求，产品打磨上也要照顾到听众的这一心理需求。正如我们在工作时，也希望和情绪稳定、守时的同事共事一样，主播和听众之间也是一定程度的"同事关系"。主播要有这样的底线：除非是智力和内容可以碾压众人，否则切忌太过随意发挥。对于没有主播经验的人来说，结构稳定性一定大于随意发挥，刚开始投入这个行业，完整的体系结构是必需的。换句话说就是听众需要一种心理预期的稳定，而系统性展示能满足听众心理预期的需要。如果听众在听的过程中，主播的系统经不起考验，就会增加听众的不安全感，让听众经常搞不清楚自己现在到底听到了什么阶段，听众就会误以为自己理解力不够，自责和受挫感就会出现。

第二，系统性能让听众认为主播是"自己人"。

所谓自己人就是具备同样知识背景的人，事实上所有的知识本来就可以相互连通，但是我们为这个世界提供了很多新知识的同时，也砌起了理解知识的"墙"。我们塑造了很多"局外人"，当我们在发现新知识并取得认识世界的进步之后，主播常常忘记自己没有这些知识之前头脑中的状态。

我们都希望自己产品第一次亮相时就是美丽和成熟的，但是事实上很多产品在系统性上都能被挑出一些"缺陷"。虽然听众对每个部分都可以理解，但却无法理解知识点之间是如何联系在一起的，就是没有展现出不同知识点之间的关联度。缺乏关联度，听众就不能像主播一样建立起自己的系统观和全局观。

通俗性是授人以渔的基础，但并不意味着为了保证"通俗性"而牺牲系统性。系统性能让听众感受到主播的起点和他们一样，遵循这些步骤，听众自己也能完成探索，进而举一反三。对于听众而言，知识的学习就像是一趟沙漠里的长途旅行，如果一路上没有参照物，旅行者就容易迷失方向。主播之所以要展现自己在这一领域较听众更领先和全面的"系统性"，是因为系统性的展示就相当于给了听众一个指南针，即使暂时失去了参照物，也能通过指南针的指引准确无误地知道自己到底走到了哪个位置。只有这样，听众才能跟随主播的知识指南针，在学习中建立起自己的系统性和全局观。

第三，只有找寻并补充上系统性缺口，才能达到听众对完整获得感的预期。

系统性缺口最容易出现的地方就在于主干因果链上的解释缺口。认知心理学的一个重要发现是，长期的记忆依赖于对内容进行连贯层级的构建——环环相扣。所以务必要在推向市场之前，找到系统性中掉了的那一环。只有这样，主播的内容才能让听众觉得因为传递的是一种思想完整的层级结构而值得信赖，让听众一点一点地既能见树木又能见森林。

主播为什么会有系统性缺陷？

"掉链条"这种问题时有发生，主要是因为主播常常忘记"初学者的状态"，也就是忘记初心。比如，有一位高能物理学家时刻都在研究基本粒子，他想当然地认为别人都知道夸克这个概念，进而忽略了对这个概念进行必要的解释，实际上大多数人并不很清楚什么是夸克，其实用一个生活化的比喻来解释清楚概念不仅必要而且紧急。否则，后续理解就跟不上，门外汉也就成为不了自己人。我们在不知不觉间给听众设置了过高的理解成本，因为主播总忘记"不了解我们所熟知的东西"的人是什么感觉。

要让门外汉能立刻感受到自己人的默契，主播必须要时刻牢记"不忘初心"。产品还带有"丑小鸭"的缺陷，一定是因为主播忘记了初心，忘记了自己学习这些知识时的初始阶段的情形，忘记了这个阶段的人心理状态是怎样的，会有什么情绪？只有课程主播清晰地了解初学者的学习步骤和内心感受，并且在节目中用准确无误的表达，带领大家跨越每一个环环相扣的必要环节，产品才能从"丑小鸭"变成"白天鹅"。意识到这一偏差并不容易，因此必须要请内测者浏览、试听自己的产品，请他们对任何不理解的地方给予真实的反馈，以便于让自己的解释符合听众的理解逻辑。

主播总是会在一段时间内犯"忘记初心"的错误，这往往是人们不愿意承认的地方。如果你打算长期"投资"自己的声音产品，就必须要建立起对自己产品的高度责任心，这意味着我们就不能做《皇帝的新装》里那些阿谀奉承的众人，而要做那个敢于戳破真相的孩子。

如何弥补系统性缺陷？

正如皇帝没有自己发现"新装"就是"无装"一样，自己是很难发现具体掉了哪一环以及原因的，那索性就把这一步骤交给敢说真话的种子听众吧。

种子听众就是主播聚集起来的第一批"非专业知识背景"听众，他们一定是第一次听主播讲解某种技能、概念或定义，主播的目标是帮助这部分没有基础知识的人能尽快掌握其表述的方法。种子听众越是知之甚少，越能帮助自己快速发现内容中的系统性缺陷。我们可以首先与同事或朋友分享课程文稿，然后面向其中一位听众进行试讲，并问其是否理解。

为什么程序员设计出来的产品需要经过内部测试和产品经理的评测才能推向市场呢？一个好的产品经理不一定要懂如何编写程序，但是他却能告诉程序员市场需要的是什么。市场就是消费者使用产品时的直接体验，程序员代表授课者利益，产品经理代表种子听众的利益，产品经理是站在消费者使用体验的立场上提出改善建议，让产品能更契合人们的真实所需，从而保证最终推向市场的产品给消费者带去真正的价值。产品经理对程序员的反馈，就是种子听众的听后感反馈。

主播就是自己节目的产品经理，把种子听众每一个不能理解的地方标注下来，然后把它们按上下因果解释链的层次重新补好位。所谓层次，是指体系的布局、结构要符合因果解释链，不能想到哪儿就讲哪儿。只有这样才能简单明了地呈现清楚学科知识的系统性，让听众对稳定感的心理预期得到满足。

把丑小鸭变成白天鹅的第一步是找到主干因果链上的解释缺口，这一步很关键，因为主播只有找到缺失的那一环，重新补充完善后，才能让听众理解并赞叹，主播所展示出来的思想体系才是完整的。作为零基础的听众，一开始无法理解过于庞大的系统，但是能通过慢慢理解小系统，进而把小系统整合成大系统。只有这样，主播和听众才能在彼此的帮助下跨过各自的"黑障期"。

要点28： "白天鹅"美在哪里？——爆款的诞生

好看的皮囊千篇一律，有趣的灵魂万里挑一。如何在众多的同质化节目中脱颖而出呢？答案就是打造有趣的灵魂。趣味性可以让听众在获得系统性知识的同时，没有记忆负担。用趣味来淡化听众的记忆负担，这一点对大部分主播来说就比较难了。如何把枯燥的知识变有趣呢？

正如优衣库成功的秘诀里，除了保证生产的基本款不过时、不出错外，还能和任何产品相搭，穿出时尚感。爆款产品的基因里具有如下元素：

1. 让听众用最短的时间获得结构性的知识。

2. 每一单集时间都有与时间长度对应的价值点密度、干货率。

3. 各知识点之间也要有明确的关联度。

这三点都是声音爆款产品的基本元素，它将决定主播的内容产品是否经得起时间的洗练，除此之外，主播还需要通过一些装饰性元素的添加，让它的时尚感升级。很多主播都会认为自己并非天生有趣，因此可通过科学的加入一些"调味品"，让内容充满更多趣味性。

所谓秘诀就是加入这些"装饰性元素"：金句、比喻、故事、段子等。

爆款产品从来不是想什么就说什么的，听众听到爆款产品的行云流水、金句频出，其实在内容上都有预设和"埋伏"，这种预设和"埋伏"就是课程内的"装饰性元素"，能把枯燥的内容变有趣，让听众能毫无负担地一直听下去。

如何打造有趣的灵魂呢？

爱因斯坦曾说过，"一切要尽量简单，但不要过于简单。"我并不提倡所有解释都基于十二三岁学生的水平。因此，需要养成平时资料搜集的习惯，只有这样才能紧跟最新讯息，说出有专业性的例子、段子、比喻、金句。

有趣感里一定包含了惊喜感。如果把一个获益性知识产品的结构想象成一条附有其他元素的中心主线，那么总的来说，这样的结构看上去就像一棵树，主线是树干，树枝是附着其上的不同元素。为了把这些知识点、小系统、大系统解释清楚，我们需要"金句、比喻、故事、段子"这四种"装饰性元素"，有趣感程度依次是金句＞比喻＞故事＞段子。当自己感觉到趣味性不够时，可以先想金句，想不出金句就想一个比喻，想不出比喻可以借用一个故事，想不出故事可以搜寻一个段子。这些装饰性元素很重要，它是吸引听众注意力、时刻给听众制造一些"意外感"和"趣味性"的工具，通常出现在对概念和情境的补充、说明、举例中。

在这个注意力稀缺的时代，即使连 10 分钟的注意力也是珍贵的，如果主播能提供一个产品，解决听众注意力稀缺的问题，就能获得听众的喜爱，因为主播让听众感受到自己战胜了注意力涣散的成就感。既然人们注意力不会超过 10 分钟，除了提醒自己用限时法、勾连法之外，还要提醒自己活用这些"装饰性元素"。

让灵魂变有趣，主播面对哪些挑战？

第一，共情能力太弱。所谓共情就是要把自己想象成普通人，事实上主播也是普通人，但一旦开始讲课时，就特别容易拿腔拿调。要建立更强的共情能力，就要去除拿腔拿调的障碍，就是把我们脑海当中所熟悉的概念用平实的语言讲给大家听。主播如果习惯在学术化的语境中讨论，就会在头脑中形成一种条件反射，一旦提到自己专业相关的问题，就会运用抽象语言解释，主播因为太熟悉这些概念了，因此早就在头脑中建立了一条抽象的条件反射链条，但对于不熟悉这个概念的听众而言，所有抽象的语言都是他理解的"拦路虎"，这些拦路虎让主播无法和听众快速建立起共情。

第二，比喻能力太弱。一个人缺乏共情能力就是缺乏用比喻把两者之间的相似之处建立起来的能力。为了解释清楚一个抽象的概念，主播还会去借助听众的经验性常识来做出比喻，以便于让听众利用形象思维增进理解。

要提升比喻能力，主播就要多用形象思维来思考，锻炼的方式就是善于在生活中观察事物和事物之间的相似性，并且总结成自己的个性化语言，这样就能快速打通听众的认知。如果我用一套声音领域的行话来解释我们的声音为什么听起来没磁性，我会说："因为我们没有释放共鸣。""共鸣"这个抽象解释对于大众而言，可能不能在第一时间明白。于是我做出了一个比喻性的解释："在我们的身体里有 5 个音响，因为忘记启动它们的开关，所以听起来就是'素颜'，我们要学会打开它，这样就能让我们的声音像化了一个'妆'，被适当美化了，就会更动听，更有磁性，这就是共鸣。"

一定要多用比喻、多举例子！因为不是所有听众都了解主播所在的领域，但如果主播能想办法把自己领域的知识解释得让小朋友都能听懂，那主播就赢了。

要点 29：有声产品的打磨与包装

酒香也怕巷子深，有趣的灵魂也需要好看皮囊的包装。有声产品的包装，和我们日常消费品的包装有诸多相似。它们的共同点就是：要在有限的时间和视觉空间范围内，达到有效的沟通。

为知识付费也是购物，消费者都希望花更少的钱，买到更好质量的产品。好产品的特点一定包含这三项要素：有用、有品质、有结果。当产品经过打磨完成了从"丑小鸭"到"白天鹅"的蜕变后，就需要通过好看的包装来告知消费者，我们的产品守住了效果的底线：有用、有品质、有结果。

有效的沟通，一句话就够了。有用就是主播的东西能够帮助到别人；有品质就是主播的专业性；有结果就是让听众有收获、达到目的。

前两个有用、有品质的落脚点还是在有结果上，如果一个消费者买了包包回去，买之前就判断，这个包包用的场合多，品质又好，拿回家之后和衣物一搭配并在下午出席活动的时候就用上了，这时候如果别人再赞美一句"你今天的搭配真不错"时，消费者一定会觉得这个包买得太值了。

有声产品的包装也一样，当听众试听之后觉得很有用，看了主播的包装觉得很有品质，内容有很多干货，购买后听完整体内容觉得的确有效。这时，主播就获得了听众的信任转化，听众会开始主动传播："讲得特别好，言简意赅，干货很多，绝对可以终身受用。"

虽然有效的沟通一句话就足够了，但包装时选择好表达的重点仍显得非常重要。

基于听众内心诉求去选择表达的重点，而不是自说自话的重点，才能最终打动听众，让听众主动传播。明白这条省力原理后，紧紧围绕怎么有用、怎么有品质、怎么有结果，这样打磨与包装才会显得有诚意，这也才是一份完整的包装。

一份完整的包装，要考虑有声产品对外传播的六个基本点：标题、导语、试听、大纲、图文说明、传播方式。随后就是在所有能传播价值点的部分，清晰地展示出自己的诚意，说明这六大核心问题。

标题。具有这些特点：明确目的（这里指的是听众的目的），主题鲜明能加强与听众的交流感，解决的是听众为什么要听这个节目的原因，明确目的对播音起统帅作用，它可以让听众听课的愿望要积极，能根据目的正确把握自己声音的表述方式和态度分寸。

导语。导语相当于一份对自己的介绍和产品的介绍。导语部分就是奠定听众对你认知的一个整体基调，这部分将会决定听众在没有收听之前，会对主播的产品有一个怎样的价值判断。"这是否是自己的需求"，"不买是不是亏了""买了是不是就赚到了"，没有焦虑就没有买卖，这么多的内心戏都会在导语中决定，因此导语就要体现出主播对听众的价值感，所以导语部分的基调要明确。

试听。试听就是主播的引流课，要拿出非常有价值的一部分内容来传播和分享，保证内容上是干货精品，让别人听完之后有收获、有结果，一定要帮听众解决一些常用性的问题。听众使用了主播的方法后，发现的确有效，就会想要听完主播全部的方法，为后面的内容付费以保证自己能未雨绸缪。主播必须要知道听众的心理诉求，然后在试听时回答清楚这些心理诉求。

大纲。大纲要像前面白天鹅诞生过程描述的一样，要仔细打磨每一句大纲的描述，要做到有效沟通，并在大纲中就能弥补完善解释性缺口，体现出体系感。只有这样，才会让听众有收藏感和价值感来刺激购买。这个和购买图书是一个道理，很多购买书籍和订阅声音专栏的人，大部分都是冲着目录去的。

图文说明。不管任何有声产品，听众都分为三种：看完就走；考虑要不要买；看完马上买。图文的唯一考察标准就是亮出最有说服力的特点，把前两种听众都转化为"看完马上买"的人。我们需要发力的点是在于守住学习效果，图文全力以赴。记住在时间有限、视觉空间有限的情况下，包装中的每一个板块都要做到有效沟通。

要点 30：翱翔，在有声的天空里

人发出的任何一种声音都有意义，都是一种自我表达，你的声音就像是一辆豪华跑车，但你却不知道怎样驾驶它。学会驾驶它将让你的声音具备音频时代的变现价值。

音频市场是一个巨大的蓝海市场，也许你内心还存在两个疑问：

声音这个市场是否门槛很高？

只要能说话，就能进入音频市场，用声音变现。"别担心自己资历不够！声音领域不看学历，不看背景，只看你是否具备市场表现力。"这是我经常对学习声音课程的同学说的一句话。

10 年前，想要参与内容和节目的创作有很高的门槛。比如要进入报社、电视台、广播电台等单位，名额有限，条件很高，要常年实习，大部分人要在一线摸爬滚打很多年，才有机会真正地走到台前。

听众规模的扩张和付费的兴起让声音市场对声音供应者的需求越加庞大。两年前具备演播水准的业内主播仅有四五百人的规模，但行业的发展也让越来越多的人愿意投资自己的声音，进入到有声书主播这一职业中。如今，一家有声电台就签约了十万有声书主播。这说明更多非科班出身的普通人，通过寻找声音形象和产品的结合点，可以迅速崛起。

"声音领域不看学历，不看背景，只看你是否拥有创造力和对方需要的表现力。"这并非是一句空话，在此之前，我从未有过配音行业的专业培训，也没有特别亮眼的作品履历。但是我通过提升自己声音的表现力，让自己的声音进入商业级市场，同时因为准确捕捉到商业级市场升级的转换节点，把自己的声音投入到在线知识付费市场，打通了职场天花板，让我在短时间内成为了十万人的声音教练。而通常人们需要通过相关专业学习好几年，再经过许多年工作和教学经验的累积才能达到这么一个程度。

声音的价值是否可以被互联网无限放大？

答案是肯定的。我国听书市场从 2012 年的 7.5 亿激增到 2018 年的 44.3 亿元人民币。2019 年，中国的有声书听众也已达 4.78 亿人。在互联网时代成长起来的这一代人，让听知识、听书、听课的群体越来越年轻化，付费意愿越来越强。有声书付费听众数越来越大，听众年龄越来越年轻，听书市场的规模与价值更将显著提高。

政策支持和市场反响的双重积极反馈，也让行业龙头企业不断加大对收听场景建设的投资力度，在有声书大爆发的时代，智能家居的应用又让听书场景快速外延，每一个内容生产者都能够让自己的产品在更多生活场景中触及到听众，越来越多的内容创业者奔向了声音跑道。

在知识大量有声化的今天，互联网付费模式的兴起，让我们的时间可以卖出很多份。过去声音只能一对一交换，如果付10元钱让我录制，我一定会认为这是一个非常廉价的劳动，从而选择放弃。随着有声书主播付费分成模式的出现，听众规模的扩张和付费化的兴起，在应用场景爆发和听众触达如此便捷的今天，每个听众的10元钱都将会帮助声音主播走向财富自由之路。

我的"衣柜创业"故事，正是对这一过程的最好总结：声音舞台让投身其中的主播实现了财务自由。

今天的市场体量与过去相比，可以说是呈现了爆发式的增长，这种增长也让越来越多的人愿意投身到主播这一职业，但是由于他们对其中的方向和步骤并不了解，也不知道自己的声音到底适合哪一种商业级产品，所以在启动的过程中总是犹犹豫豫。帮助读者清晰地知道每一种声音的表现力，对应的产品市场在哪里，并且如何去达到投身其中的目标，这就是我写这本书的目的。

　　每天人们都在说话，在互联网时代，就是要把这些习以为常的事情，也赋予拥有商业价值。别忽视了自己的好声音，跟我一起来改造自己的声音形象，让它更有魅力、更有辨识度，结合自己的专业知识，把它们变成自己的互联网"流量"，让投身于声音领域的你在有声的天空里翱翔吧！声音就是自己的翅膀，在这个有声的世界里，用说话创造财富，实现你的财富自由。

附　录

练　声　手　册

一、原文搜索关键词：我的练习绩效点1

1. 放松区细节：下巴、声带、喉咙、肩膀、胸口放松

练习绩效点	放松喉咙
	下巴、声带、喉咙、肩膀、胸口，这些部位的肌肉要保持放松 放松方法：叹气练习
姿态示范	基本站姿 确认肩膀不要上提

（续）

练习绩效点	放松喉咙
姿态示范	 头部向前，微微向上抬起 声带、喉咙呈被压迫的状态 ——下巴过度压缩 声带呈被压迫的状态—— 颈后方向后缩

2. 叹气放松练习，具体练习步骤

（1）两肩放松，自然下垂。

（2）像闻花香一样，先深吸一口气。

（3）接下来，呼气，呼气同时打哈欠。

（4）打哈欠快结束时，接着开始叹气。

（5）接着再深吸气，呼气时打哈欠并叹气。

（6）依此类推，打哈欠与叹气交替进行，呼吸 20 次。

二、原文搜索关键词：我的练习绩效点 2

1. 控制区细节：气息控制

练习绩效点	正确呼吸
	丹田、肺的肌肉控制要增强 增强方法：四肢着地的呼吸
姿态示范	 呼气

(续)

练习绩效点	正确呼吸
姿态示范	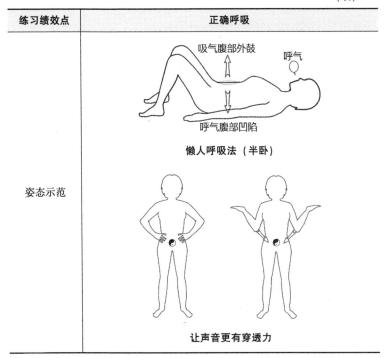

2. 深呼吸气息控制练习，具体练习步骤

（1）无声练习

1）呼吸是无声的，你应当完全放松穿一件宽松的衣服。

2）深吸气时，你会感觉到腹部在向外扩张，呼气时，腹部收缩，气息全部呼出。

3）别停下来休息，继续下一次深呼吸，重复12次，12次为一组，每天做2~3组练习。

4）当你已经掌握以上练习，能更深入地呼吸了，就要开始在说话中运用深呼吸，随时注意你的呼吸，有意识地让呼吸变得更深。

（2）有声练习，"a"元音练习

1）肩膀和胸部保持不动，一只手放在胸部，另一只手放在小腹处。深吸一口气，然后呼气的同时张嘴发元音"a"，一口气大声发出一个元音，直到气吐完为止。

2）想象声音像一根电线从你的口腔延伸到共鸣腔的各个角落，然后沿着这条线发出你的声音。记住，不是叫喊或尖叫，而是要发出非常有力的声音，这个声音来自腹部，而不是喉咙。

3）感受一下，此时你发出的响亮、有共鸣的声音，与以往日常交流时的声音之间的不同。

（3）有声练习，数数字练习

1）深吸气，然后从 1 开始数数，记住深呼吸的方法以使声音具有穿透力。

2）吸完一口气后，尽可能多地数数重复这个练习，直到你可以一口气数到 30 为止。

（4）有声练习，字词和文章练习

1）用前面的数数法来读字词或文章，尽量用这一口气说多一些词。

2）深吸一口气，然后大声朗读图书或报纸，读得越久越好，直到这口气用完为止。你可以读字典里列出的词，可以读你喜欢的散文。再吸一口气继续，重复这个练习，在自然停顿

处换气，如句号、逗号、分号、冒号处，直到读完 3～4 页内容
（大约 2000 字）。

3）通过练习，你将学会用腹部代替喉咙发声，学会有效控
制气息的方法并运用到发声过程中，你就完成了拥有好声音最
重要的一步。

4）判断你是在用小腹还是在用喉咙发声，区别的关键是看
你是否可以自如地（即在不伤害嗓子的情况下）提高音量。

三、原文搜索关键词：口腔造字

1. 控制区细节：口腔软腭、笑肌、牙关、唇舌控制

练习绩效点	加强口腔力度、灵活度
	口腔软腭、牙关、唇舌的肌肉控制要增强 增强方法：挺软腭、提笑肌、开牙关，练唇舌，让口腔开合灵活有力
姿态示范	 挺软腭

（续）

练习绩效点	加强口腔力度、灵活度
姿态示范	提笑肌 用食指触摸耳朵下方 下颚关节（开牙关）

2. 口腔控制练习，具体练习步骤

（1）软腭练习细则

1）软腭肌肉伸展，将激活对口腔中后部的控制，打开口腔内的"后声腔"。

2）深吸一口气，当你呼气时半打哈欠，提起口腔内中后部软腭肌肉群。半打哈欠时口型不能太大，口型略微张开就行。

3）尽量延长每次半打哈欠的时长，让软腭得到充分的"提起"和"伸展"。

4）还可以通过发"a、o、e"这类开口度大的韵母来练习软腭肌肉伸展。

（2）笑肌练习细则

1）面部表情自然、协调，精神有活力，会让声音准确清晰、端庄悦耳、明朗有力。

2）微笑着说话，就是最自然的提笑肌练习。

3）面部表情微笑至露出八颗牙齿，再恢复，为一次提笑肌练习。

（3）打开牙关练习细则

1）讲话时，口腔开度加大，这时"凹陷"处就会有明显的开合状态，这就是打牙关。

2）空口咀嚼法开牙关。打开牙关的重点是上牙努力，而不是下牙用劲。想象大口啃苹果，连续"啃"8次，这样就可以纵向加大口腔容积。

（4）唇部操练习细则

1）喷唇。双唇紧闭，堵住气息，然后突然放开连续发出"PO"的音，这就是喷唇。

注意，千万不要整个嘴唇都特别用力，换句话说就是，你不要把整个嘴唇闭得特别紧。如果整个嘴唇特别用力，都闭得很紧，喷出来的声音就会很闷，声音出不来，听起来像"pue"的音，发出来的音很笨拙，不清晰、灵巧，力量只需集中在唇部的中央 1/3 的位置。

2）裂唇。像亲吻的姿态，把双唇向外嘟起来，然后向嘴角用力向两边伸展。可以用两个音来带动嘴唇运动，先发"u"音，嘴型就嘟起来了，然后再发"i"音，嘴角就往两边裂开了。

3）撇。像亲吻的姿态，先把双唇撅起来，然后向左撇、再向右撇，就这样交替进行。从左边开始，左右加起来共进行 10 次。

4）绕唇。嘴唇向左边旋转 360 度，再向右边旋转 360 度，交替进行。先从左边开始，总共进行 6 次。

（5）舌部操练习细则

1）伸。把嘴巴张大，提起颧肌，也就是微肌，感受到你的鼻孔略微地张开了，努力地把舌头往外伸，舌尖越往前越用力越好，要明显感觉得到舌部在用力。伸完之后再往回收缩，收缩时不能随便地放在嘴里，要把它往内缩、最大限度地缩回，循环做 6 遍。

2）刮舌。用舌尖抵住下齿齿背，舌体中间用力，沿着上门牙齿沿的位置往外刮，舌尖顶住下牙齿内侧，让舌面努力向外展示出来。反复进行6次。

3）捣舌。舌尖首先抵下齿背，然后舌头往外面冲。就像逗孩子玩儿一样捣舌，练习舌头灵活度。

4）顶舌。把嘴巴闭起来，用舌尖顶住左右脸的脸颊，内部顶出去，先从左边开始，左右轮换顶舌，总共顶10次。

5）转舌。就像吃完饭后，可能会用舌尖来进行口腔内部清理一样。把舌尖伸到上牙齿的中间，然后开始先向顺时针的方向环绕360度，再向逆时针的方向环绕360度，交替进行，共进行10次。

3. 自测口腔控制灵活度的绕口令

（1）八百标兵奔北坡，炮兵并排北边跑，炮兵怕把标兵碰，标兵怕碰炮兵炮。

（2）法国动画片《巴巴爸爸》中开头是这样介绍巴巴一家的：巴巴爸爸一家都叫什么名字？他们叫：巴巴爸爸、巴巴妈妈、巴巴祖、巴巴拉拉、巴巴利波、巴巴伯、巴巴贝尔、巴巴布莱特、巴巴布拉伯！

（3）吃葡萄皮儿：吃葡萄不吐葡萄皮儿，不吃葡萄倒吐葡萄皮儿；不吃葡萄别吐葡萄皮儿，吃葡萄也别吐葡萄皮儿；不论吃葡萄不吃葡萄，都不要乱吐葡萄皮儿。

（4）扁爸拔扁豆：扁扁爸背个扁扁背篓，上扁扁山拔扁扁豆，拔了一扁背篓扁扁豆，扁扁爸背不起一扁背篓扁扁豆，只背了半扁背篓扁扁豆。

四、原文搜索关键词：我的练习绩效点 3

1. 控制区细节：调节变化——音调、膈肌力度变化

练习绩效点	提升音高，让自己更"高调"
	音调变化的调节控制要加强 加强方法：音调升降练习、膈肌力量控制练习
姿态示范	 听到"爬音阶"的要求时 听到"爬音阶"的要求时

（续）

练习绩效点	提升音高，让自己更"高调"
姿态示范	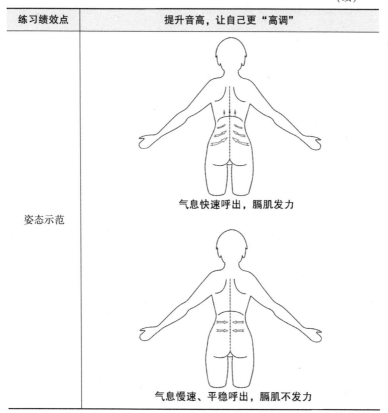

2. 提升音高"爬音阶"练习，具体练习步骤

（1）练习"a"元音的直上直下滑动。

（2）声音从低音起逐渐升高，然后稍停片刻再降低，直到声止气停。

（3）膈肌发力，声音响度增强、音调升高；膈肌不发力，声音响度减弱、音调下降。

3. 释放横膈肌弹发力, 具体练习步骤

(1) 模拟吹蜡烛练习

动作要领：先深吸气，然后快速吹蜡烛练习，想象吹蜡烛时一口吹灭的感觉，紧接着吹第二支蜡烛，第三支，第四支……连续吹的次数越多则说明气息和膈肌发力越好。

(2) 狗喘气练习

狗喘气就是天热的时候狗吐舌头急促喘气的样子，练发声时不吐舌头。

动作要领：为了减少气流和喉部的摩擦可以将开口改为闭口，也可以用鼻子呼气去带动横膈肌的运动，以减少气流与喉咙摩擦不适感，建议每天训练 5 分钟。

具体做法：

1）身体站立，以丹田为支点。

2）注意腹腔要用力，呼气的时候腹部要往回收。

3）气体呼出时，腹部会自如地向内向上弹动，然后腹部快速地放松。

4）保持一个均匀的速度，初学者可以慢速以保证质量。

(3) 加入文字后的声音练习

军训口号：一二一二，二二一二，一二一二，二二一二。

动作要领：腹部的力量上不能松懈，直到这口气息结束，建议每天训练 3 分钟。

五、原文搜索关键词：我的练习绩效点4

1. 控制区细节：调节变化——疏通声音通道

练习绩效点	解除高音阻力
	声音通道的调节控制要加强 调节方法：打哈欠练习，解除高音阻力
姿态示范	

2. 解除高音阻力，具体练习步骤

（1）先深吸一口气，当你呼气时半打哈欠，张口的同时就深吸气，吸气的同时，上腹往外鼓出。

（2）半打哈欠时口型不能太大，口型略微张开就行，不要跟张大口吐舌似的把口型弄得太大，口型太大了嘴部肌肉容易僵硬，所以口型以小为好。

（3）尽量延长每次半打哈欠的时长，让软腭得到充分地"提起"和"伸展"，解除高音阻力。

六、原文搜索关键词：我的练习绩效点5

1. 控制区细节：调节变化——音域高度变化

练习绩效点	提升音域高度
	高音区的调节控制要加强 调节方法：通过姿态改变，把头低下来说话，声音音调自然上升
姿态示范	 背骨弓起，放低头部 团成一团，使头部更低 卷体向下，指尖触地

2. 提升音域高度，具体练习步骤

把头低下来说话时，声音就会自动转移到面部，这时下巴也通常会很低，通过身体姿态的改变，带出贴近软萌音的声音形象——以实声为主，音调比较高。

七、原文搜索关键词：我的练习绩效点6

1. 控制区细节：调节变化——音长变化

练习绩效点	加入文字，在日常对白中，释放童声
	音长的调节控制要加强 调节方法：朗读文章时，夸大连续音练习
姿态示范	 **基本站姿**

（续）

练习绩效点	加入文字，在日常对白中，释放童声
姿态示范	尽可能延长声音长度

2. 夸大连续音，具体练习步骤

（1）吸气深呼气匀，发音时，声母和韵母之间气息拉长，要均匀、不断气，缓慢持续地发出"ai、uai、uang、iang"四个音。

（2）控制气息，夸大声调，延长发音的字词练习：

花——红——柳——绿——

清——正——廉——洁——

英——勇——顽——强——

（3）夸大连续，控制气息，扩展音域的诗词练习：

静夜思

【唐】李白

床前明月光，疑是地上霜。

举头望明月，低头思故乡。

春晓

【唐】孟浩然

春眠不觉晓，处处闻啼鸟。

夜来风雨声，花落知多少。

八、原文搜索关键词：我的练习绩效点7

1. 控制区细节： 调节变化——声音落脚点变化

练习绩效点	提高和稳定声音的落脚点
	声音落脚点的调节控制要加强 调节方法：加入手部动作，用手势牵引声音落脚点提高
姿态示范	 **用手势指引提高，稳定声音落脚点**

2. 声音落脚点变化，具体练习步骤

呼唤练习：

（1）假设张师傅就在自己面前：张师傅，那里危险，快离开！

（2）假设张师傅在离自己100米处，升高一些音调，用声音呼唤：张——师——傅——，快——回——来——！喂——，那——里——危——险——，快——离——开——！

（3）假设张师傅在离自己200米处，音调再次升高，加大声呼唤：张——师——傅——，快——回——来——！喂——，那——里——危——险——，快——离——开——！

（4）假设张师傅在离自己400米处，用尽力气，音调升到最高，大声呼唤：张——师——傅——，快——回——来——！喂——，那——里——危——险——，快——离——开——！快——啊——！

九、原文搜索关键词：我的练习绩效点8

1. 控制区细节：调节变化——童声细节特征变化

练习绩效点	增强童声的逼真度
姿态示范	童声模仿的逼真度要加强 调节方法：通过音调调节的嘴部变化，给声音"减龄"

（续）

练习绩效点	增强童声的逼真度
姿态示范	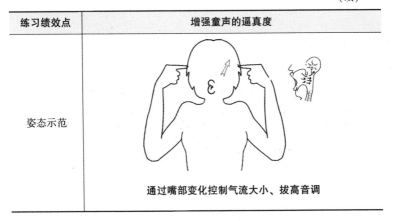通过嘴部变化控制气流大小、拔高音调

2. 给声音"减龄"，调节童音特征变化，具体练习步骤

（1）调节气息特征：小孩子在变声之前，说话的气息不成熟，出气短声音稚嫩。成年人模仿童声，可通过嘴部的变化来控制气流的大小，嘴型放圆，吐气口就变小，就能实现小孩子的稚嫩语气和声音。

（2）调节音高特征：小孩子的音调比成年人高，所以声音听起来比成年人稚嫩，成年人就需要拔高音调说话，才能达到"减龄"效果，模仿出童声。

（3）调节语气特征：观察生活中更多的真实情境，倾听和记忆孩子都会用怎样的语气，并积累相应的素材，在大脑里储存更多真实的素材，以便你在演绎时有样本参考，随时比对。

十、原文搜索关键词：姿态示范我的练习绩效点 9

1. 控制区细节：调节变化——御姐音声音位置变化

练习绩效点	找到和稳定御姐音的声音高度
	御姐音的音高调节控制要加强 调节方法：降低发声点给声音"增龄"
姿态示范	 **降低发声点至口腔中后方和胸腔等较低的地方**

2. 御姐音的声音特征，具体练习步骤

（1）御姐音的声音年龄范围是 24～30 岁，常用音高在胸腔等较低的地方。

（2）一般来说，在比较低的发声位置能找到御姐音，通过发"a"长音来找，从高音到低音，直至降低到口腔中后方和胸腔等较低的地方。

（3）说话时，可以背靠墙壁，用外力稳定较低发声点的高

度，让气息、声音都比较稳，减少一惊一乍，语速不紧不慢，带入颇有风度的御姐音。

十一、原文搜索关键词：我的练习绩效点10

1. 控制区细节：调节变化——气息和声门变化

练习绩效点	用气息淡化实声，让声音更温柔
	对气息和声门的协同调节控制要加强 调节方法：通过调节声音里的气声变化，淡化声音密度
姿态示范	气息慢速、平稳呼出，膈肌不发力

2. 对气息和声门的协同调节控制，具体练习步骤

（1）膈肌不发力，气息慢速、平稳地呼出，声音响度自然减弱、音调下降，声音温柔度增加。

（2）同时，胸口松开，带动声门自然松开，整个过程像叹

气一样，气息从声门泄出，气声明显增多，淡化了声音密度，声音温柔度进一步增加。

十二、原文搜索关键词：我的练习绩效点11

1. 控制区细节：调节变化——语速变化

练习绩效点	对语速的精准控制
	对语速的精准调节控制要加强 调节方法：计时朗读练习，形成语速的觉察和控制习惯

2. 语速控制练习，具体练习步骤

（1）选择出200字的文章，计时朗读时，用手机对自己朗读进行录音，一定要在60秒内读完这些字，再回放后发现问题并加以改进。

（2）在读的过程中，要注意读音准确、吐字清晰、语句流畅，语句之间的标点要有明显的停顿，逗号空一个字的时间，句号空两个字的时间，书名号、引号不用空时间。

（3）每天练习30次，慢慢形成语速的觉察和控制习惯。

十三、原文搜索关键词：我的练习绩效点 12

1. 控制区细节：调节变化——内容温度变化

练习绩效点	寻找对话里的温度计
	声音"温暖度"的调节和共鸣的综合控制要加强 调节方法 1：用有爱的台词，自然带出声音里的柔和、关爱特质 调节方法 2：用好世界上最昂贵的 5 个音响，释放出不同的共鸣成分变化
姿态示范	 **声音温度：自然引发的"关爱"**

（续）

练习绩效点	寻找对话里的温度计
姿态示范	 控制区 解放喉咙 美化区 扩开共鸣 动力区 重要呼吸 **检查你的姿态** 美化区　控制区 头腔　嘴唇 鼻腔　舌头 口腔　声带 喉腔　软腭 胸腔　动力区 　　　肺 　　　横膈肌 **让发声肌肉形成条件反射，更协调**

2. 有爱的台词，练习材料

"如果能早点遇见你，就好了。"

"真正的富有，是你脸上的笑容。"

"曾经有一段真挚的感情摆在我面前我没有珍惜，等到失去时才追悔莫及。人生最悲哀的事情莫过于此。如果上天能再给我一次重来的机会，我会对那个女孩说三个字：我爱你。如果要在这段感情前加个期限，我希望是一万年！"

"我要你知道，这个世界上有一个人会永远等着你。无论是在什么时候，无论你在什么地方，反正你知道总会有这样一个人。"

3. 共鸣控制练习，具体练习步骤

（1）发出低沉的声音

如果讲话时，只会用头部共振发声，而不用其他器官，那你的声音听起来会尖锐刺耳，像孩子的声音。低频或中频的声音比高亢的声音更能有效地吸引人们的注意力。对于专业的声音工作者来说，培养一种深沉、洪亮的声音将受益匪浅。内容的重要性毋庸置疑，但深沉、洪亮的声音听起来有权威感、令人信服、令人着迷。

（2）用好世上最昂贵的五个音响

头腔、鼻腔、口腔、喉腔、胸腔，这5个音响将释放出不同的共鸣变化，让你声音听起来具备不同的年龄、性格、色彩特征。

头腔：幼稚、兴奋

鼻腔：甜美、明亮

口腔：理性、干练

喉腔：沉闷、呆滞

胸腔：感性、厚重、权威

1）闭上嘴巴，发出"嗯"的音，有感情地将"嗯"拉长一点，会感觉头和胸前在震动，这就是胸腔共鸣与头腔共鸣的协调音色。

2）拼合音节练习。练习时速度要慢，注意韵腹拉开立起，收好字尾，声音似挂在硬腭前；用自然音高时的声音发出，丹田与硬腭这两端用气形成一条线，要均匀、和谐、圆润、自如；可以靠墙练习，后脊梁靠着墙壁，胸腔的共鸣能和墙产生共振，更容易找到胸腔共鸣的感觉。

练习发音：b—ang—bang （帮）　p—ang—pang （旁）
m—ang—mang （忙）　b—ai—bai （白）。

3）a、o、e、i、u、ü 6 个元音的直上、直下及滑动练习，体会不同音区共鸣的变化。

注意：声音从低音起逐渐升高，然后稍停片刻再降低，直到声止气停；也可以靠墙练习，背靠墙面让你更容易感觉到，气息沿后背向前走的走向和声音的滑动走向。

4）从 1 数到 50，以胸腔共鸣为主，这能使音色更感性、厚重；从 1 数到 50，以口腔共鸣为主，这能使音色更理性、干练；从 1 数到 50，以鼻腔共鸣为主，这能使音色更明亮、甜美。

5）选择带有浓厚胸腔声的母音练习："欧""哞""嗨"，这些母音容易找到胸腔共鸣的感觉。

6）一口气5腔共鸣串读，感受共鸣成分变化带来的声音变化：深吸一口气，气顶头部不松气，开始朗读，动用头腔发音，继续不从鼻腔出气，自然消耗到发音之中，气流下移，发音逐步到达口腔、鼻腔、胸腔。

字词练习：读"鸟语花香、和风细雨、栩栩如生、山水相连、山河美丽、山明水秀、花红柳绿、锦绣河山"。

十四、原文搜索关键词：我的练习绩效点13

1. 控制区细节：调节变化——妈妈音（老年音）声音位置变化

练习绩效点	找到和稳定妈妈音（老年音）的声音高度
	妈妈音（老年音）的音高调节控制要加强 调节方法：和同伴一起边下蹲边发声，带出声音里更低、更吃力、更缓慢、更扁的声音特征
姿态示范	 互相拉住 和同伴一起下蹲

2. 妈妈音（老年音）的音高调节，具体练习步骤

（1）夸大连续音：因为声带和器官是上了年龄，所以老年人说话慢，平均每个字的音长比较长。

（2）降低发声点：通过发"a"长音来找，从高音到低音，再到更低音，多练习发'a'长音，直至找到自己所能发出的最低发声点。

（3）加入下蹲动作："老年人"的声带经过长年的磨损变得很沙哑、苍老，声音没以前更有磁性了，有时说起话来比较沙哑、吃力，声音听起来不立体、很扁。和同伴一起边下蹲边发声，可以带出声音里更低、更吃力、更缓慢、更扁、无磁性的声音特征。

十五、原文搜索关键词：我的练习绩效点14

1. 控制区细节：调节变化——老年音细节特征变化

练习绩效点	模仿老年人的气息、声音快慢状态、声线粗细
	老年音模仿的逼真度要加强 调节方法：用生活中的常见动作，把声音变"扁"

（续）

练习绩效点	模仿老年人的气息、声音快慢状态、声线粗细
姿态示范	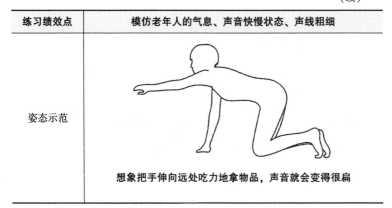 想象把手伸向远处吃力地拿物品，声音就会变得很扁

2. 声音变扁练习，具体练习步骤

（1）气息控制：气息不够是老年音的典型特征。说话时，膈肌不发力，气息就弱。可以通过想象自己生病时，有气无力的情境，带动气息变化。

（2）声音要扁：声带和器官经过岁月风霜地摧残已经不再圆润，所以我们要把声音放得很扁很扁。声音放扁的"按钮"，重点在口腔的后部控制，生活中的一些常见动作能帮助你把声音变"扁"，比如当你吃力地拿远处的物品时，声音就会弱些，这样就会有老年音的感觉和音色。

（3）收音要弱：收起声音时要弱，这样就会有老年的感觉和音色。

十六、原文搜索关键词：我的练习绩效点 15

1. 控制区细节：调节变化——声音色彩变化

练习绩效点	声音的明亮色彩练习
	对声音色彩的明、暗调节控制要加强 调节方法：膈肌发力，音调升高，声音色彩逐渐明亮
姿态示范	 能量向上，声音色彩明亮

2. 声音明亮色彩练习，具体练习步骤

（1）首先调动积极情感，声音色彩明亮的人，声音年轻而华丽，情绪上很动感。

（2）声音明亮的"按钮"，重点在口腔中前部和鼻腔中前部的配合，音调升高练习，可使声音前置，适合表现明亮的色彩。

（3）保持嘴角略微上抬，有助于消除消极音色。有的同学发音时习惯嘴角下垂，这样不利于表达欢乐、积极的感情。

十七、原文搜索关键词：我的练习绩效点 16

1. 控制区细节：调节变化——大叔音声音位置变化

练习绩效点	找到和稳定大叔音的声音高度
	大叔音的气息特征、发声位置调节控制要加强 调节方法：贴背互推，让声音沉稳、厚重、中气足
姿态示范	 贴背互推

2. 大叔音音高调节练习，具体练习步骤

（1）发声特点：人在不惑和知天命的年龄，声音会很沉稳、厚重、中气要足些，声音有"根"后，听起来就沉稳、厚重。

（2）贴背互推：通过贴背互推的动作，可以利用外力把气流的振动多放在胸腔和口腔的中后部，发"a"长音。

（3）降低语速：加入语言文字后，同时配合好降低语速，让语速不紧不慢，就能控制好大叔音的声音变化。

十八、原文搜索关键词：我的练习绩效点17

1. 控制区细节：调节变化——声音色彩变化

练习绩效点	声音的忧郁色彩练习
	对声音色彩的明、暗调节控制要加强。 调节方法：膈肌不发力，音调降低，声音色彩逐渐暗淡。
姿态示范	 **能量向下，声音色彩忧郁**

2. 声音的忧郁色彩练习，具体练习步骤

（1）首先调动稳重的情感，声音色彩忧郁的人，情绪上很平稳。

（2）声音忧郁的"按钮"，口腔中后部和胸腔的配合，音调降低练习，可使声音后置，适合表现忧郁的色彩。

（3）保持嘴角略微下压，声音低沉而暗淡，有助于释放消极音色，表达忧郁、低落的感情。

十九、原文搜索关键词：我的练习绩效点18

1. 控制区细节：调节变化——声音弹性的对比变化

练习绩效点	声音的弹性练习
	声音弹性的对比调节控制要加强 调节方法：释放声音弹性的对比控制练习
姿态示范	声音的弹性塑造故事的冲突性、画面感

2. 声音弹性的对比变化练习，具体练习步骤

声音弹性的对比变化共分为：高低变化、强弱变化、虚实变化、快慢变化、松紧变化、刚柔变化。

（1）高低变化

由高向低：床前明月光，疑是地上霜；举头望明月，低头思故乡。

由低向高：奶奶把小女孩抱起来，搂在怀里，她们两人在光明和快乐中飞了起来，他们越飞越高，飞到没有寒冷、没有饥饿的天堂去。

从1数到50：每读一个数字换一次音高。用低音说1，高音说2，低音说3，高音说4……依此类推，直到50，在必要处深吸气。

音高极限：深吸一口气，用低音从1数到5，再用高音从6数到10。

每5个数字换一次高低音，一直数到50，在必要处快速吸气。

（2）强弱变化

那天夜里，我一个人走在巷子里，周围特别的安静，突然有人在我身后大喝了一声："站住！"（"站住"两个字强，其他弱）。

（3）虚实变化

音节：

a（实）—a（虚）　　　　i（实）—i（虚）

a（虚）—a（实）　　　　i（虚）—i（实）

扫码听听看，声音的弹性变化

小美从经理办公室出来，我的心里就一直非常不安（实声），"小美，他们到底发现了什么？"（虚声）

这些树有的笔直，像威武雄壮的战士（实声）；有的端庄，像文静的书生（虚声）；有的婀娜多姿，像是天上的仙女（虚声）。

（4）快慢变化

听邻居说我家里好像闯进了陌生人，我匆匆跑上楼，用力拉开房门。（渐慢）只见孩子正躺在床上酣睡着，我的一颗心才算落了地。

（5）松紧变化

事情已经过去很长时间了（松），但这血的教训却要永远记住（紧）。

（6）刚柔变化

"刚"的练习：

早岁那知世事艰，中原北望气如山。

楼船夜雪瓜洲渡，铁马秋风大散关。

塞上长城空自许，镜中衰鬓已先斑。

出师一表真名世，千载谁堪伯仲间！

"柔"的练习：

山雀子噪醒的江南，一抹雨烟。

到处是布谷的清亮，黄鹂的婉转，竹鸡的缠绵。

看夜的猎手回了，柳笛儿在晨风中轻颤。

孩子踏着睡意出牧，露珠绊响了水牛的铃铛。

二十、原文搜索关键词：我的练习绩效点19

练习绩效点	提升输入效率
	能扯、能聊、能发散 调节方法：提升阅读效率，练就高效阅读能力
	 图书《如何练就阅读力》

二十一、原文搜索关键词：我的练习绩效点20

1. 控制区细节：调节变化——语气变化

练习绩效点	精准地语气传递练习
	语气的细节变化要加强 调节方法：跟着身体动作、表情的改变而带入情绪和语气

（续）

练习绩效点	精准地语气传递练习
姿态示范	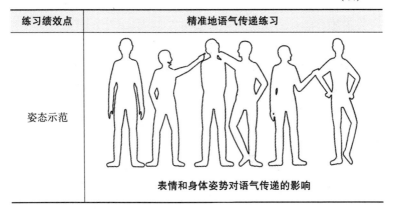 **表情和身体姿势对语气传递的影响**

2. 语气调节变化练习，具体练习步骤

（1）想要加强语气的细节变化，就要分区练习声音刻度

高音区（头腔共鸣）：适合表现那些高昂、激越、紧张、热烈、愤怒、仇恨等情绪的语气。

中音区（口腔共鸣）：适合表现日常交流中的语气。

低音区（胸腔共鸣）：适合表现低沉、悲哀、凄凉、沉痛等情绪的语气。

（2）细腻展现情感维度

喜：包括喜爱、喜悦、喜好、喜欢、高兴、快乐等情感。

怒：包括愤怒、恼怒、发怒、怨恨、愤恨等情感。

哀：包括悲伤、悲痛、悲哀、怜悯、哀怜、哀愁、哀悯、哀怨、哀思等情感。

乐：指欢乐、身心愉悦、幸福等情感。

惊：指惊诧、惊愕、惊慌、惊悸、惊奇、惊叹、惊喜、惊讶等情感。

恐：指恐慌、恐惧、害怕、担心、担忧、畏惧等情感。

思：指思念、想念、思慕等情感。

声音是文化产品的"零部件"，声音和我们购买的任何实物产品一样，它有切切实实的运行方式。市场由买方和卖方组成，把这些市场里的供应者、流通者和购买者加在一起，你就得到了声音领域运行的全部信息，"声音变现"就是由这些交易构成。

3. 同一个商品的全部买方和卖方，形成了几种主要的动力

广告、宣传片、纪录片市场，动画片市场，影视剧市场，有声书、广播剧市场，资讯及电台栏目市场，知识付费、在线教育市场，以及其他随着人们需求变化所形成的新的市场。

商业组织是市场中的声音流通者，既是买方也是卖方，商业组织中包括：有声化平台是最大的买方和卖方，配音公司是最快的买方和卖方，终端出品公司是最直接的买方。

把声音"售卖给他人用"的工作者，他们和这些商业组织合作参与了无数"声音零部件"重复交易的过程，这些"零部件"被流通者们出售给每一个终端客户。当然，声音供应者也可以代理他人的声音，自己开拓终端客户，成为商业组织。

4. 快速进入声音行业注意事项

（1）卖点就是破局点，市场已形成的卖点就是你的破局点。

（2）制作样音时，作品试听小样一定要让采购者第一时间认识到，你的声音具备"卖点"，因此，要从声音卖点出发来提升自己声音的感染力、表现力。

（3）少折腾，起步阶段紧紧围绕"商业用声交易版图"模型找机会。

商业用声交易版图

品类	路径	交易
特型人物模仿、外语声音	配音公司	最快的买方和卖方
有声书、广播剧声音	各大听书平台	最大的买方和卖方
方言动画、游戏、脱口秀节目声音	各大互联网有声化平台	最大的买方和卖方
美文朗读、讲书声音	自媒体公众号订阅端	最直接的买方
儿童教育、动画节目声音	动画制作公司	最直接的买方
广告、宣传片、纪录片声音	广告制作公司	最直接的买方
知识付费课程、在线课件转录声音	知识付费平台、课程制作出品方、教育公司	最直接的买方